99招让你成为种植能手

黄鹤 总主编

江西教育出版社
JIANGXI EDUCATION PUBLISHING HOUSE

图书在版编目（CIP）数据

99招让你成为种植能手 / 黄鹤主编.——南昌：江西教育出版社，2010.11

（农家书屋九九文库）

ISBN 978-7-5392-5915-4

Ⅰ.①9… Ⅱ.①黄… Ⅲ.①种植—基本知识 Ⅳ.①S359.3

中国版本图书馆CIP数据核字（2010）第198638号

99招让你成为种植能手

JIUSHIJIU ZHAO RANG NI CHENGWEI ZHONGZHI NENGSHOU

黄鹤　主编

江西教育出版社出版

（南昌市抚河北路291号　邮编：330008）

北京龙跃印务有限公司印刷

680毫米×960毫米　16开本　8.25印张　150千字

2016年1月1版2次印刷

ISBN 978-7-5392-5915-4　　定价：29.80元

赣教版图书如有印装质量问题，可向我社产品制作部调换

电话：0791-6710427（江西教育出版社产品制作部）

赣版权登字-02-2010-201

版权所有，侵权必究

前言 qianyan

经济快速发展，国家给予农业的利好政策越来越多，广大农民朋友可以更广阔的接触到市场，从市场的真实体验中，提取真正能获取经济效益致富的门路。要致富，到底种什么好？种什么能卖出去，种什么能挣钱，各位农民朋友怎样才能走出种植业的困境？目前，不少农民朋友在实践、探索中走出了一条有经验的道路，那就是，根据市场动态需求，找准市场需求大、利润空间大的果蔬花木，乃至中药材等品种，进行有效种植，以走上致富之路。

本书编写了帮助农民朋友成为种植能手的99招。由于水平有限，书中不足，敬请广大读者和专家批评指正。

在本书的编写过程中，编者参考了一些相关书籍及文章，限于笔墨，这里就不一一列出书名及文章题目了，在此对作者表示衷心的感谢。

目 录 Contents

第一章　6招教你种食用仙人掌　　001
招式1：繁殖育苗 …………………………… 003
招式2：建设种植基地 ……………………… 004
招式3：浇水 ………………………………… 005
招式4：施肥 ………………………………… 006
招式5：采摘办法 …………………………… 006
招式6：巧治病虫害 ………………………… 007

第二章　11招教你种芦荟　　009
招式7：生产田的准备 ……………………… 012
招式8：巧用土壤和肥料 …………………… 012
招式9：温度 ………………………………… 013
招式10：浇水 ………………………………… 013
招式11：日照 ………………………………… 013
招式12：幼苗繁殖 …………………………… 013
招式13：防治病虫害 ………………………… 015
招式14：温室栽培技术 ……………………… 016
招式15：简易大棚栽培技术 ………………… 016
招式16：越冬 ………………………………… 017

招式17：收割与加工 …………………………………… 017

第三章　10招教你种柑橘　　　　　　　　019

招式18：柑橘种类和品种 ………………………………… 021
招式19：柑橘苗圃地的选择 ……………………………… 022
招式20：柑橘育苗 ………………………………………… 022
招式21：建园 ……………………………………………… 023
招式22：柑橘的整形 ……………………………………… 024
招式23：柑橘修剪 ………………………………………… 024
招式24：土肥水管理 ……………………………………… 025
招式25：保花保果和防冻 ………………………………… 026
招式26：主要病虫害及其防治 …………………………… 027
招式27：采收和贮藏 ……………………………………… 028

第四章　11招教你种芒果　　　　　　　　033

招式28：芒果的生长和发育 ……………………………… 034
招式29：开花结果习性 …………………………………… 035
招式30：芒果生长的环境条件 …………………………… 035
招式31：芒果的品种分类 ………………………………… 036
招式32：培育芒果砧木苗 ………………………………… 036
招式33：嫁接 ……………………………………………… 037
招式34：开垦与定植 ……………………………………… 038
招式35：施肥 ……………………………………………… 038
招式36：整形修剪 ………………………………………… 039
招式37：其他农业措施 …………………………………… 041
招式38：主要病虫害防治 ………………………………… 041

第五章　6招教你种樱桃　　045

招式39：种植园地选择及改土 …………… 047
招式40：苗木定植 …………………………… 047
招式41：土肥水管理 ………………………… 047
招式42：整形修剪 …………………………… 049
招式43：花果管理 …………………………… 050
招式44：病虫防治 …………………………… 051

第六章　7招教你种猕猴桃　　053

招式45：猕猴桃园地及架式的选择 ……… 055
招式46：如何选择猕猴桃的品种 ………… 056
招式47：繁殖 ………………………………… 056
招式48：如何给猕猴桃施肥 ……………… 057
招式49：整形修剪及疏果 ………………… 057
招式50：病虫害防治 ……………………… 059
招式51：适期采收 ………………………… 059

第七章　3招教你种番茄桃　　061

招式52：定植准备工作及栽培管理 ……… 062
招式53：植保 ………………………………… 064
招式54：番茄各生长期内病害诊断 ……… 065

第八章　12招教你种金银花　　069

招式55：扦播繁殖 …………………………… 070
招式56：嫁接繁殖 …………………………… 070
招式57：压条繁殖 …………………………… 072
招式58：建园整地 …………………………… 073
招式59：栽植金银花 ………………………… 073

招式60：整形修剪 …………………………………… 074
招式61：土壤管理 …………………………………… 076
招式62：施肥管理 …………………………………… 076
招式63：浇水与排涝 ………………………………… 077
招式64：保花 ………………………………………… 077
招式65：病虫害防治 ………………………………… 078
招式66：采收加工及贮藏 …………………………… 080

第九章　7招教你种木瓜　　　　083

招式67：选地建园，合理密植 ……………………… 84
招式68：木瓜的选种 ………………………………… 85
招式69：播种育苗 …………………………………… 85
招式70：农药之使用方法 …………………………… 86
招式71：中耕及除草 ………………………………… 87
招式72：摘除腋芽、疏果 …………………………… 87
招式73：其他避害办法 ……………………………… 87

第九章　6招教你种核桃　　　　089

招式74：繁殖 ………………………………………… 090
招式75：核桃栽植 …………………………………… 091
招式76：整形修剪 …………………………………… 091
招式77：土肥水管理和疏雄 ………………………… 092
招式78：病虫害及其防治 …………………………… 092
招式79：采收和贮藏 ………………………………… 093

第十章　6招教你种葡萄　　　　095

招式80：葡萄栽植方式 ……………………………… 096
招式81：葡萄的整形修剪 …………………………… 098

招式82:生长期间植株的管理 …………………… 099
招式83:肥水管理 …………………………………… 100
招式84:采收与贮藏 ………………………………… 101
招式85:主要病虫害及其防治 ……………………… 101

第十一章　5招教你种美国红提　　　　　105

招式86:栽培园地选择 ……………………………… 106
招式87:科学运用肥水 ……………………………… 106
招式88:花果管理 …………………………………… 107
招式89:修剪及采摘 ………………………………… 107
招式90:除病虫害 …………………………………… 108

第十二章　5招教你种蓝莓　　　　　　　109

招式91:园地选择 …………………………………… 111
招式92:定植密度与整地 …………………………… 111
招式93:肥水管理 …………………………………… 112
招式94:越冬保护 …………………………………… 113
招式95:防治病虫害 ………………………………… 114

第十三章　4招教你种桂圆　　　　　　　117

招式96:繁殖与幼苗管理 …………………………… 118
招式97:幼树管理 …………………………………… 119
招式98:修剪整枝 …………………………………… 120
招式99:病虫害防治 ………………………………… 121

第一章
6招教你种食用仙人掌

liuzhaojiaonizhongshiyongxianrenzhang

招式1:繁殖育苗
招式2:建设种植基地
招式3:浇水
招式4:施肥
招式5:采摘办法
招式6:巧治病虫害

99招让你成为

简单基础知识介绍

仙人掌，又名仙巴掌、霸王树、火焰、火掌、玉芙蓉，为仙人掌科仙人掌属植物，原产地在北美和南美，其中以墨西哥分布的种类最多，素有"仙人掌王国"的美称。

食用仙人掌通常指仙人掌科、仙人掌属所包含的其肉质茎可以作为蔬菜食用，果实作为水果鲜食的品种。在原产地，多数仙人掌的肉质茎不仅用作牲畜的饲料，而且还可供人食用。仙人掌的嫩茎、掌被当作蔬菜在市场上出售，用盐腌制，当凉菜食用，清脆爽口；煮熟了食用，味道鲜美，若用糖煎煮，可加工成蜜饯，不但风味独特，而且颇具营养。每天食用一片仙人掌，就能消除体内多余胆固醇、脂肪和糖分，起到行气活血、清热解毒、促进新陈代谢的作用。我国南方干热地区均有野生繁衍。因其浑身带刺、口感差，生产慢而得不到人们的开发利用。

目前，以食用仙人掌做菜在国外已很普遍，种植食用仙人掌在南美洲、欧洲等地一些国家已形成较大规模产业。墨西哥作为仙人掌王国，自1945年开始，该国农业专家在成功培育食用仙人掌后，又将其分化成菜用（墨西哥米邦塔、墨西哥金字塔等）、果用（墨西哥皇后等）、药用、饲料用几大类。目前墨西哥食用仙人掌的产量占世界第一位，其中人工种植的面积达116万多亩，产品遍布国内外市场。

1997年，由我国农业部优质农产品开发服务中心从墨西哥米邦塔地区引进，经过适应性栽培和品种筛选，选出"米邦塔"仙人掌作为菜用品种。其形态特征为肉质绿色、有节、无刺或基本无刺，茎节为扁平状，呈卵形，长14～40厘米，株高2～3米，生产期10～15年。喜干燥、喜光、喜热。我国南方冬季气温保持在0℃以上可露天种植，北方采用大棚种植。

米邦塔食用仙人掌不仅营养丰富，而且具有较高的药用价值，可加工成多种保健品，用于痢疾、哮喘、胃痛、肠痔泻血，还有肾炎、糖尿病、心悸失眠、动脉硬化、高血压、肥胖症及肝病的辅助治疗。同时，米邦塔食用仙人掌还是制作罐头、饮料、酿酒的上等原料。食用仙人掌的吃法很多，可采用煎、炒、炸、煮、凉拌等多种烹制方法，在欧洲、非洲的许多国家及日本颇受青睐。

米邦塔食用仙人掌种植适应性很强，耐瘠薄，能够在荒山坡地种植，生长迅速，且收获期长，一次栽种，可采收10～15年。目前国内市场食用仙人掌嫩片每公斤售价在8~15元之间,而且是有价无货,供不应求。因此,发展食用仙人掌种植,供应市场,是一项利国、利民,具有良好发展前景的高效农业项目,是农村脱贫致富奔小康的途径。

行家出招

食用仙人掌虽产于干旱沙漠地区,但它的种植适应性很强,我国从南到北已有大面积种植,电视上还曾播过海南岛仙人掌种植园的场景。只要采用合适的栽培技术,就能收获质优量多的米邦塔仙人掌。下面,就我国已积累的种植经验,具体谈谈食用仙人掌的栽培技术。

招式1　繁殖育苗

1. 正确选购种苗

食用仙人掌是无性繁殖,不是靠种子繁殖,它的种苗就是掌片。这时,就要正确选择种苗了,千万不要把菜苗当成了种苗。市场上有人将仙人掌菜片当种苗卖,菜苗用作种苗,会推迟收获期,降低产量和质量。那么,如何正确区分种苗和菜苗呢?一般说来,种片肉质厚,长度不小于25cm,必须在地里生长1年以上。这些是菜苗所做不到的。

2. 选择适当扦插时机

扦插时机的选择对仙人掌来说很重要。因为食用仙人掌最适宜生长温度为20℃~35℃,20℃以下生长缓慢,10℃以下基本停止生长,0℃以下有被冻死的可能。如果是在南方,那么全年都可以进行扦插;如果在北方,就要选择5.6月份春夏季或者秋季8.9月作为扦插时机。

3. 种苗扦插

直接从市场买回来的种苗可以直接扦插。如果不是,方法也很简单,就是当新芽生长半年以上,肉质茎(掌)半木质化时,用利刃沿基部切下,切口用50%多菌灵800倍化液或70%甲基托布津600倍化液浸泡一分钟消毒后,放在干燥的地方晾晒5~7日。待伤口稍干愈合后,扦插即可。

掌片的长轴以南北方向为宜,即掌片的一面朝东,一面朝西,这样两面受光均匀,有利于光合作用进行,防止日光病害。掌片插入的深度以掌片高度的三分之一为宜。在保持掌片直立不倒的前提下,地面以上部分稍大为好,埋土过深容易引起地下部分腐烂。每亩栽植2500株为宜,行距80 cm,株距35 cm。为防切口感染,栽后不浇水。

招式2　建设种植基地

因仙人掌原产热带沙漠,具有喜光怕湿、喜沙耐旱的特性,食用仙人掌种植基地的建设要从气温条件、土壤要求、水分、光照及空气要求几个方面进行。

1. 气温条件

食用仙人掌原生长于热带地区,我国广东、广西、海南、云南、贵州、福建及四川南部最低气温不低于0℃的地区可露天栽培,其他地区采用大棚种植,东北寒冷地区温室还必须增加取暖设施。盛夏气温35℃以上时,仙人掌生长缓慢呈半休眠状态,应及时用遮荫网遮挡强烈阳光,达到降温目的。

食用仙人掌在我国南方地区一年四季均可种植,北方地区以春、夏、秋为佳。

2. 土壤要求

食用仙人掌对土壤的适应性较强,南方的红土、黄土以及北方的黑钙土等都能生长,尤以沙壤土栽培最佳。土壤应具备以下条件:

(1) 背风向阳,排水、保水性好;

(2) 土质疏松,透气性好;

(3) 呈弱酸性或中性;

(4) 含有一定的腐殖质、有机质。对于过粘的地块,可向土中掺入沙土或河沙,均匀地撒在地表约3~5厘米,然后充分混和。深翻后,充分耙细、耙平,然后做床。苗床以南北向较好,既美观,又有利于透光。苗床宽度一般为1.2米左右,床间沟0.3米左右。

3. 水分要求

仙人掌是植物界里奇特种类,但它仍是植物的一种,其生命活动依然离不开水。种苗生长过程在不同季节里,对水分的要求也不相同。春旱秋冬季节因外界气温低,阳光也不强烈,只需要适量浇水就行。随着气温升高,仙人掌生长旺盛,就要充分浇水。盛夏阳光强烈,气温过高,仙人掌出现短暂休眠,此时宜节制浇水。寒冷的冬天,仙人掌进入休眠状态时,在保持苗床稍微湿润的情况下,可停止浇水。浇水要见干见湿,即一次浇透,多日不浇,如果浇水太勤,水分过多,不仅未能促进生长,还可以引起烂根,危及仙人掌生长。夏天高温期,浇水要选择在早晨和傍晚时进行。

空气湿度对食用仙人掌的生长关系密切。湿度太低,影响生长和发芽;湿度太高,易引起仙人掌及根部腐烂。仙人掌除了通过根部吸收水分和养料外,它的茎部也具有辅助功能。适宜仙人掌生长环境的空气相对湿度为60～70%。

4. 光照

仙人掌耐强烈光照,夏季可放在室外不需遮阳,但要考虑冬季也要有充分阳光照射,因此,种植基地要根据地域选择在能接受充分阳光的场所。

5. 空气要求

要求通风良好,空气清新。因此,在盛夏炎热的天气里,应做好栽培场所的通风降温工作。栽培温室宜选择在空气流通的环境,并多设些窗户、天窗之类的通风口,以便暑热天气通风换气。必要时还可安装排气扇、吹风机或电风扇之类的设备来加强环境的空气流通效果,以促进仙人掌安全度夏。

招式3 浇水

整体来说,食用仙人掌是耐旱植物,对水的需求不像别的植物那么迫切,但是也要注意适当补充水分。食用仙人掌有明显的生长期与休眠期,即按环境温度变化划分,20℃～35℃是生长期,超出这个范围为休眠期。生长期较休眠期浇水要频繁,休眠期少浇水甚至不浇水。

浇水遵循"干透浇透,不干不浇"原则,水温宜尽量与土温相接近,夏天要早(日出前)、晚(日落后)浇水,冬天则上午十点到十一点浇水。水要直接浇到土上,否则会影响到刺的美观。此外,夏天需向种植基地旁的地面洒水以增加空气湿度。

招式 4　施肥

食用仙人掌虽耐瘠薄,但对于疏松、肥沃的土壤仍是情有独钟,对肥料的要求:一是完全腐熟;二是不含过多盐类;三是氮肥为主,磷钾肥为辅。基肥可采用腐熟的鸡粪、牛粪、猪粪、人粪或饼肥。如果施无机肥,多用氮磷钾三元素复合肥,也可用尿素和碳铵,每亩用量10公斤。可溶于水后使用,也可在行间开穴施入。春秋两季是仙人掌生长旺盛期,可每15天施肥一次;夏季高温期,仙人掌处于半休眠状态,宜暂停施肥;秋冬天气转凉,仙人掌生长缓慢,仅可少量施以淡薄肥水;冬季注意节制施肥。施肥可与浇水有机结合,晴天要选择在早晨或傍晚时进行。每次施肥量按液体计可与每次的浇水量相当。施肥前土壤应基本干燥。先松土再施肥效果更好。

对食用仙人掌施肥要遵循以下几个原则:
(1)随仙人掌生长年龄逐年增大而增大用量;
(2)有机肥、无机肥合理搭配;
(3)宁淡勿浓、薄肥勤施;
(4)施肥数量配比均依生长和土地肥瘦等具体情况而定,不可机械照搬。

招式 5　采摘办法

食用仙人掌一次种植,可连续采收10～15年。稳妥的采摘方法是:因用途不同,采摘的要求也不同。用来食用的,应采摘萌发后45～60天的鲜嫩叶片,过早采摘产量不高,影响效益,过迟采摘会使叶片酸度过高,影响食用。用来作种苗的则应选用饱满充实的较老叶片,过老的不易萌发生根,过嫩的易感病菌腐烂。

新芽生长半年后,再长出嫩片时开始采摘。采用生长15～40天的嫩片,用利刃沿基部切下。在气候适宜,生长旺盛的季节里,每周都可采摘一次。过早采摘会影响产量,过晚味酸不好吃,一般在下午采摘,采下的嫩片在常温下可保存15天以上,冰箱保鲜40天以上。米邦塔食用仙人掌每亩年产量在5吨以上,最高的可达10吨左右。

招式6　巧治病虫害

食用仙人掌因叶片长满刺,一般害虫都敬而远之。为害仙人掌病菌有细菌和真菌,但问题并不十分严重,只要改善栽培条件,管理措施得当,预防与消灭病虫兼施,很容易获得良好效果。较常见的虫害主要有:

(1)菜青虫、蝗虫:可用25%溴氢菊酯2000倍液喷雾;

(2)红蜘蛛的防治:应以防御为主,栽培环境应适当通风,但要保持一定的湿度,避免闷热和干燥。常用药物有40%的氧化乐果1000~1500倍液、40%的三氯杀螨醇1000倍液等。在高温干燥季节每隔7~10天喷杀1次,越冬前要彻底喷杀。

(3)介壳虫的防治:介壳虫成虫由于身上有蜡质介壳,药物防治常不能取得预期的效果,因此更应重视预防。栽培场所应保持干净,发现介壳虫时可用竹片及时刮除,也可以将虫多的枝条剪去烧毁。药物防蚧一定要抓住虫卵孵化后不久、虫体尚未长出蜡质壳时进行,并要反复喷杀才有效果。所用药物通常有50%马拉硫磷1000倍液、25%亚胺硫磷乳油800倍液、40%氧化乐果乳油和80%敌敌畏乳油混合后加水1000倍。

(4)蛴螬、金针虫、地老虎:可用50%锌硫磷800~1000倍浇灌。

常见的病害主要有:

(1)腐烂病的防治:防治腐烂病应以防为主。首先改善栽培场所的环境条件,这样病原菌的发生和蔓延可大大减少。其次要加强栽培管理。种植的土里不要混有未腐熟的有机肥,所施肥料宁淡勿浓。发现渍水要及时排干,部分坏的根系可剪去,晾干伤口后再栽。定期在仙人掌上或周围环境喷洒杀菌剂,对防御腐烂病的发生有一定的作用。常用的杀菌剂有代森锌、多菌灵和托布津。

(2)金黄斑点病、凹斑病及赤霉病:可用75%百菌清800倍液或50%多菌灵或70%甲基托布津600~800倍液喷雾;

(3)锈病:可用25%粉锈宁(三唑酮)2000~3000倍液喷雾。

无论虫害、病害均应遵循"防重于治"的方针。及时清除杂草,定期喷药(每20天一次),定期疏松土壤。因湿度与温度的变化,时而太潮湿,时而太干燥,温度忽高忽低,都会促进病菌和虫害的滋生。要加强管理,改善栽培环境,消除害虫及病菌的滋生条件,做到防患于未然。

温馨提示

施肥要注意的问题:

(1)生长不良、根系损坏的植株,根茎处有伤口的植株,被红蜘蛛危害后已经全部呈铁锈色的栽培植株,均不可施肥;

(2)刚出土的小苗,在1个月内不要施肥;

(3)未充分腐熟的有机肥不可使用;

(4)在城市里不要使用臭气严重的肥料;

(5)含有盐分的肉汤、菜汁和新鲜的牛奶、豆浆,不可作肥料使用;

(6)新鲜的鸡蛋壳不要扣在盆土上作肥料;

(7)施肥应尽量在晴天的上午或傍晚进行。

第二章
11招教你种芦荟
shiyizhaojiaonizhonglühui

招式7：生产田的准备

招式8：巧用土壤和肥料

招式9：温度

招式10：浇水

招式11：日照

招式12：幼苗繁殖

招式13：防治病虫害

招式14：温室栽培技术

招式15：简易大棚栽培技术

招式16：越冬

招式17：收割与加工

简单基础知识介绍

芦荟是一种百合科草本植物,原产于非洲,它是多年生百合科肉质草本植物。含有丰富的多糖、蛋白质、氨基酸、维生素、活性酶及对人体十分有益的微量元素。它的特征成分是芦荟蒽醌等,芦荟由于含有多种生物活性物质,在中国民间就被作为美容、护发和治疗皮肤疾病的天然药物,芦荟叶簇生,呈座状或生于茎顶,叶常披针形或叶短宽,边缘有尖齿状刺。花序为伞形、总状、穗状、圆锥形等,色呈红、黄或具赤色斑点,花瓣六片、雌蕊六枚。花被基部多连合成筒状。

芦荟是美容、药用、保健佳品,常吃芦荟好处很多。近年来,随着国人对美和健康的追求与意识上升,国内市场不断涌现各种含有芦荟成分的美容、保健乃至药用品,芦荟需求市场庞大,因此,种植芦荟,是当前获得高额商业价值的一种有效方式。目前,就芦荟品种而言,可食用的有六种,其中具有药用价值的品种主要有洋芦荟、库拉索芦荟草、好望角芦荟草、元江芦荟等。种植栽培也主要集中在这几类芦荟上。下面就主要品种进行简要介绍。

库拉索芦荟

简要介绍:多年生草本。茎极短。叶簇生于茎顶,直立或近于直立,肥厚多汁;呈狭披针形,长15~36厘米,宽2~6厘米,先端长渐尖,基部宽阔,粉绿色,边缘有刺状小齿。花茎单生或稍分枝,高60~90厘米;总状花序疏散;花点垂,长约2.5厘米,黄色或有赤色斑点。蒴果,三角形,室被开裂。花期2~3月。

种植地:原产非洲北部地区,目前于南美洲的西印度群岛广泛栽培;我国亦有栽培。

用途:叶片可供药用。

中国芦荟

简要介绍:又称斑纹芦荟,是库拉索芦荟的变种。中国芦荟茎短,叶近簇生,幼苗叶成两列,叶面叶背都有白色斑点。叶子长成后,白斑不褪。叶子长约35厘米,宽5~6厘米,植株形似翠叶芦荟。闽南的中国芦荟植株个体明显比翠叶芦荟小。

产地:福建、广东、广西、云南、四川、台湾等省。还有在云南元江地区、海南和雷州岛。

用途：具有药用和美容价值，嫩叶可做芦荟沙拉原料食用。

上农大叶芦荟

简要介绍：这是上海农学院从库拉索芦荟中培育出的变异品种。上农大叶芦荟的叶片被有白色蜡粉，叶色翠嫩，叶片最大可达85厘米、宽12厘米，叶肉洁白丰厚无苦味，生长速度快，宜于保护，开发利用价值很大。但在盆栽条件下分蘖能力弱，主枝不分枝。

产地：中国长江中下游地区。

用途：药用、美容和食用均可。

木立芦荟

简要介绍：又名小木芦荟。它很早就被视为民间药草而广受欢迎。

产地：产地在南非。

用途：药用美容皆可。在医学上，木立芦荟已经被检验出具有很多有效成分，是一种公认最有效的品种。在药用方面，叶子除了可以生吃、打果汁外，还可以加工成健康食品或化妆品等。由于容易处理，它也适合作食用的家庭菜。

开普芦荟

简要介绍：又称好望角芦荟，这是一个大型品种群，高度达6米，茎秆木质化，叶30—50片，簇生茎顶，叶子大而坚硬，带有尖刺，叶深绿色至蓝绿色，披白粉。无侧枝，兹药与兹柱外露，用种子繁殖。产地：主产于南非普州。

用途：开普芦荟是中药新芦荟干块的原料，是一种传统的药用植物，各国药典都有载列。

皂质芦荟

简要介绍：须根系，无茎，叶簇生于基部，呈螺旋状排列，叶呈半直立或平行状。其叶汁如肥皂水，十分滑腻。皂质芦荟变种较多，如广叶皂质芦荟，叶上有白色条斑、纹理清楚，叶片宽大，具有较高观赏价值。皂质芦荟叶片薄，新鲜叶汁有护肤作用。但所含黏性叶汁不如库拉索芦荟丰富。多用于观赏，无大面积的产业化栽培。

用途：既作药用，又可用美容。

> **行家出招**

芦荟是热带植物,它的最大缺点是生性畏寒。但除了怕冷外,算是生殖力旺盛、很不娇气的植物。只要不让它遭受霜雪,平时浇点水,偶尔施点肥,成活率就很高。因此每个人都能轻而易举地种植。

招式7　生产田的准备

选择地势平坦,背风向阳,坡度为5°~10°,排灌方便,土层深厚,疏松肥沃,有机质丰富中性的砂壤土或壤土。每公顷施腐熟的厩肥3~4万千克,结合整地翻入土中。深翻20~25厘米,耙细整平,做成宽100~120厘米,高10~15厘米的高畦,或做成平畦。生产田在后续芦荟的种植过程中,要注意及时除草松土,将温度控制在25~28℃,土壤含水量保持在50~60%。

招式8　巧用土壤和肥料

芦荟喜欢生长在排水性能良好,不易板结的疏松土质中。理想的芦荟种植土是以沼泽土和沙为主,或者在一般的土壤中掺杂些沙砾灰渣,如能加入腐叶、草灰、贝壳片更好。黏土不利于排水,应当尽量避免使用。排水透气性不良的土质会造成根部呼吸受阻,烂根坏死,但过多沙质的土壤往往造成水分和养分的流失,使芦荟生长不良。

肥料对于任何植物都是不可缺少的。芦荟不仅需要氮磷钾,还需要一些微量元素。为保证芦荟是绿色天然植物,要尽量使用发酵的有机肥、饼肥、鸡粪、堆肥都可以,蚯蚓粪肥更适合种植芦荟。如果土壤中含有肥料的话,平时就不怎么需要施肥了。

施肥一次不宜过多,不要污染叶片,如果污染要用清水冲洗。种植三年左右的芦荟就可采摘了。三年以上的叶子药用价值更高。采叶时一般要从植株下部开始,成熟的叶片顺叶片根部顺下,不要伤害植株,并保持中体完整。因芦荟叶中水分占96%以上。破损的叶体中的汁液流出,对其营养是个损失。另外破损的叶子也不易保存,还会影响其他叶片存放。

招式 9　温度

芦荟怕寒冷,它长期生长在终年无霜的环境中。在5℃左右停止生长,0℃时,生命过程发生障碍,如果低于0℃,就会冻伤。生长最适宜的温度为15~35℃,湿度为45~85%。

招式 10　浇水

和所有植物一样,芦荟也需要水分,但最怕积水。种植芦荟,最重要的是水不可太多,否则会使药效成分变淡,在阴雨潮湿的季节或排水不好的情况下很容易叶片萎缩、枝根腐烂以至死亡。春天一般都是每隔5天浇一次水;夏天,每天当太阳下山后浇一次水。到了秋季就要控制浇水,可采取喷水的方法,即使土壤比较干燥也没有关系,否则很容易烂根。冬天芦荟几乎进入休眠状态,除了注意保暖,还要注意让芦荟多见阳光,此时浇水只要将表面的土壤浇湿即可。

招式 11　日照

芦荟需要充分的阳光才能生长,需要注意的是,初种的芦荟还不宜晒太阳,最好是只在早上见见阳光,过上十天半个月它才会慢慢适应在阳光下茁壮成长。

强烈的紫外线会伤害芦荟,使叶片变黄或变紫,严重时干枯。大面积种植可与高秆作物套种遮光防晒,小面积栽培可用黑尼龙纱网遮阴。

招式 12　幼苗繁殖

芦荟一般采用分株或扦插等技术进行无性繁殖。无性繁殖速度快,可以稳定保持品种的优良特征。在生产田上,按行距60~70厘米,株距50~60厘米栽种。

1. 分株繁殖法

分株繁殖是芦荟的主要繁殖方法。通过人工的方法,将芦荟幼株从母体分离出来,另行栽植,形成独立生活的芦荟新植株。

分株繁殖在芦荟整个生长期中都可进行,但以春秋两季作分株繁殖时温度条件最为适宜。春秋分株繁殖的芦荟新苗返青较快,易成活,只要土壤保持良好的通气透水状态,芦荟分生苗很快可以恢复生长。

在分株繁殖过程中,具体操作可采用两种方法。一种是将由芦荟茎基或根部的吸芽长成的,带有幼根的幼株直接从母体剥离下来,然后移栽到生产田中。另一种方法是用分株刀具将母株萌发出来的幼苗与母株分离,但不要拔出来,仍让幼苗留在原位,使其生长一段时间(一般半个月左右),形成独立的根系,达到完全自养状态,再将幼苗作带土移栽,定植在大田中,及时浇一遍定植水。

2. 扦插繁殖法

(1)播穗。采自茎或主茎长出的分枝,以具有4~6片叶,高6~10厘米的分枝为主要插穗来源。主茎顶端也可切下10~15厘米作插穗。插穗剪后不能立即插植,否则容易自切口处腐烂,一般在剪穗后放置3~5天,待切口充分干缩后再插植。插穗的大小与生根有一定关系,一般以6~10厘米的分枝扦插,生根时间短,成活率高,好管理。

(2)插床。插床可采用温室繁殖池、塑料大棚平畦、露地平畦、阳畦或花盆均可。扦插基质选用腐殖土(菜园等肥沃土壤)加沙、疏松透气,排水良好。

(3)扦插方法和时间。扦插前先向生产田(插床沙土)浇少量水,用竹秆插一个小洞,然后将芦荟插穗插入,并压实。扦插时间最好是春季4~5月,温室内可常年进行。

(4)扦插后的管理。温度在20℃以上,一般30天左右即可生根。温度低于20℃生根慢,过低则不易生根。扦插后至生根前,水分管理特别重要,插后不要立即浇水,2~3天后,只向叶面喷少量水。插床明显缺水干旱时,适当浇水。若浇水过多,发生积水,插穗易腐烂。扦插后遇连阴雨或大雨,要在插床上覆盖防雨塑料棚,防止雨淋。插穗生根后适当浇液体肥料,培育壮苗。

招式 13　防治病虫害

芦荟常见病害主要有炭疽病、褐斑病、叶枯病、白绢病及细菌性病害。

1. 炭疽病

（1）危害症状：圆形或近圆形病斑遍布整个叶片，中央灰白色，凹陷，边缘暗褐色，病斑干缩成薄膜状，严重时穿孔。在病斑的两面偶有小黑点，在潮湿的条件下多为黏孢子团。

（2）防治办法：及时除草松土；注意田间排水，降低土壤湿度；发现病叶立即摘除，再在健叶上喷50%多菌灵可湿性粉剂800～1000倍液，或60%炭疽福美可湿性粉剂400～600倍液，或65%代森锌可湿性粉剂500倍液防治。

2. 褐斑病

（1）危害症状：患病植株，叶片上发生墨绿色水渍状小点，逐渐扩散成圆形或不规则形的病斑。以6～11月份发病率高，高温、多湿季节易发病。

（2）防治办法：发病初期，喷50%多菌灵可湿性粉剂800～1000倍液，或50%甲基托布津可湿性粉剂1000～1500倍液，或1∶1∶100波尔多液。每7～10天喷1次，连续喷2～3次。

3. 根腐病

（1）危害症状：多在梅雨季节发生。初期须根变褐腐烂。后逐渐向主根扩展，致使维管束变成褐色，失去输导功能。发病初期，地上部分并不表现症状，随着病情加重，叶片在中午温度高时开始萎蔫，晚上温度低时还可恢复，几天之后萎蔫不能恢复，叶片尖端变成褐色，最后整株死亡。

（2）防治办法：选无病苗栽植，加强田间管理，及时排除积水，降低田间土壤湿度；不施用酸性肥料，土壤酸性过大，可施石灰中和；积极防治地下害虫，可减轻发病；发病时用50%甲基托布津可湿性粉剂1000倍液浇灌病株。发病严重的植株应拔除烧毁。

4. 叶枯病

（1）危害症状：从叶尖和叶缘开始发病，初期为褐色小点，以后扩展为半圆形的干枯病斑，皱缩，中央灰褐色，边缘呈水渍状褐色环带，上面的小黑点呈同心圆状排列。

（2）防治方法：增施磷、钾肥，提高植株抗病力；发病初期用1∶1∶100波尔多液,或50%多菌灵可湿性粉剂800~1000倍液喷雾防治。每7~10天喷1次,连续喷2~3次。

招式14　温室栽培技术

温室栽培是指不适宜芦荟生长的地区,如寒冷、多雨地区,利用防寒、防雨或其他设施,利用人工设备提供满足芦荟生长发育的温湿度、水分、土壤肥料,甚至空气成分等外界条件。

温室地址的选择,应考虑到芦荟适合在阳光充足、排水育好的肥沃松疏地块中种植。选地时要长远规划,综合考虑,特别地大面积生产芦荟的情况下,应尽量靠近路边,以便将来生产的芦荟能及时外运。

温室形式有风障、冷床、温床三种。能够保持较高的空气浓度、一面坡温室、节能型温室、美国胖龙温室,其中节能型温室最适合我国北方地区栽培生产芦荟。

温室可用透明覆盖材料聚乙烯、聚氯乙烯薄膜、长寿膜(PE防老化膜)、PVC多功能复合膜等搭建。除塑料薄膜外,为防止夜间大棚风的热量散失,产生霜冻,还要在塑料棚下加盖草帘、纸被、超微棉多合编织布防寒帘等。

招式15　简易大棚栽培技术

简易大棚结构比较简单,可以随意拆装、更换地点。但芦荟属于多年生常绿肉质草本植物,种植后多年不宜移植,且不耐寒。根据我国气候区域的特点,简易大棚适宜长江流域、华南北部、福建西北部地区使用。它可以保证芦荟安全越冬,还能够避免梅雨季节和夏季高温曝晒的不良气候条件的影响。

简易大棚可分为拱圆型塑料大棚,单斜面、双斜面塑料大棚,圆型充气大棚,菜窖型塑料大棚,连栋塑料大棚等几种类型。建筑简易大棚,选址应当考虑主要的因素有:

既要通风好,又不能在风口处,以避免大棚受风害侵袭而遭到毁坏。

地势要有灌溉条件,地下水位较低,以利于及时排水和避免地面积水。

土质肥沃疏松,以利透气和芦荟生长。

建棚地点应距道路近些,便于日常管理及产品运出。

招式 16 越冬

芦荟越冬是关键。根据我国情况,广东、广西、福建南部以南地区,不存在越冬防冻问题;而长江流域以南,则需根据情况建温室或大棚保暖越冬,同时注意保持室内干燥、通风、保暖,待到春暖花开时再撤掉。

招式 17 收割与加工

1. 收获:定植后 2~3 年收获。采收时,选基部和中部茎秆上发育充实,长 20 厘米以上的叶片收获。要分批割取,茎上部留 8-9 片新叶,以利于继续生长。

2. 加工

(1)水煮法:将割下的新鲜叶片洗净,横切成片,置容器中加入同量的水,用急火煮 3~4 小时,取出凉后用纱布过滤。然后将滤液浓缩成稠液,倒入模型内烘干或晒干即成芦荟膏。

(2)直流法:将割下的新鲜叶片,洗净,将切口向下,竖直放入容器中,收集流出的汁液,浓缩成膏,晒干即为芦荟膏。

温馨提示

1. 芦荟需要追肥吗?

芦荟生长并不需很多的肥料,也不必担心芦荟会由于没有肥料而枯萎;倒是若施肥过多有腐烂其根、致其于死地的危险。所以如果土壤中含有肥料的话,平时就根本不需施肥;如果是生地,需施些元肥,则可在栽植芦荟的半月前,在准备好的土里,掺入鸡粪和油粕,按 1 平方米 500 克比例将其混在土里,使其腐烂;9~10 月份追肥,可将有机肥一小把施在芦荟根部稍远一点的地方即恰到好处;较大的芦荟,则应 2 个月施肥一次;如想让其开花,则应每隔 10 天左右为其加些油垢、鸡粪、米糠之类的磷酸肥料;冬天(11~3 月)是芦荟停止生长的时期,这个期间应停止施肥。

2. 芦荟不是含水量较高吗,为什么不需要多浇水呢?

是,因为芦荟的叶子有贮水功能。芦荟原本生长在沙漠之中,有很强的耐旱能力,如果种在土地里,深挖过的土壤既有排水能力,也有保水能力,故无浇水的必要。当然,如长时间不下雨,土壤表面干裂,则应根据情况适时浇水;春天移植芦荟时,不宜给太多的水,可每隔5天浇一次水,如连续阴雨则需延长浇水天数;春季和秋季的夜间温度较低,为防止残留在土中的水分冻伤芦荟,浇水应在晴天的上午进行;反之,炎热的夏天,含在土中的水分被加热,地温上升太高会伤及芦荟根部,故不宜早上浇水,而应在日落之后进行;冬天,气候寒冷,芦荟进入休眠状态,应停止浇水。总之,芦荟种植最重要的是水不可太多,否则会使有益成分、药效成分变淡,严重的会使根部腐烂,直到死亡,因此应特别留神。

第三章
18招教你种橘子
shibazhaojiaonizhongjüzi

招式18：柑橘种类和品种
招式19：柑橘苗圃地的选择
招式20：柑橘育苗
招式21：建园
招式22：柑橘的整形
招式23：柑橘修剪
招式24：土肥水管理
招式25：保花保果和防冻
招式26：主要病虫害及其防治
招式27：采收和贮藏

简单基础知识介绍

橘子是芸香科柑橘属的一种水果，亦可俗称为"桔子"。"橘"和"桔"（jie）都是现代汉语规范字。当"桔"读 ju 时，是"橘"的俗字。橘子色彩鲜艳、酸甜可口，是秋冬季节常见的美味佳果。橘子味甘酸、性凉，入肺、胃经；具有开胃理气，止咳润肺的功效；主治胸膈结气、呕逆少食、胃阴不足、口中干渴、肺热咳嗽及饮酒过度。橘子营养也十分丰富，1个橘子就几乎满足人体每天所需的维生素 c 量。橘子含有 170 余种植物化合物和 60 余种黄酮类化合物，其中的大多数物质均是天然抗氧化剂。橘子中丰富的营养成分有降血脂、抗动脉粥样硬化等作用，对于预防心血管疾病的发生大有益处。橘汁中含有一种名为"诺米林"的物质，具有抑制和杀死癌细胞的能力，对胃癌有防治作用。

营养分析

1. 橘子富含维生素 C 与柠檬酸，前者具有美容作用，后者则具有消除疲劳的作用；

2. 橘子内侧薄皮含有膳食纤维及果胶，可以促进通便，并且可以降低胆固醇；

3. 橘皮苷可以加强毛细血管的韧性，降血压，扩张心脏的冠状动脉，故橘子是预防冠心病和动脉硬化的食品，研究证实，食用柑橘可以降低沉积在动脉血管中的胆固醇，有助于使动脉粥样硬化发生逆转；

4. 在鲜柑橘汁中，有一种抗癌性很强的物质"诺米林"，它能使致癌化学物质分解，抑制和阻断癌细胞的生长，能使人体内除毒酶的活性成倍提高，阻止致癌物对细胞核的损伤，保护基因的完好。

橘子肉、皮、络、核、叶都是药。橘子皮，又称陈皮，是重要药物之一。《本草纲目》中说陈皮是："同补药则补；通泻药则泄；同升药则升；同降药则降。"橘皮是一味理气、除燥、利湿、化痰、止咳、健脾、和胃的要药；刮去白色内层的橘皮表皮称为橘红，具有理肺气、祛痰、止咳的作用；橘瓤上的筋膜称为橘络，具有道经络、消痰积的作用，可治疗胸闷肋痛、肋间神经痛等症；橘子核可治疗腰痛、疝气痛等症；橘叶具有疏肝作用，可治肋痛及乳腺炎初起等症；橘肉具有开胃理气、止咳润肺的作用，常吃橘子，对治疗急慢性支气管炎、老年咳嗽气喘、津液不足、消化不良、伤酒烦渴、慢性胃病等有一定的效果。

橘子的营养丰富，在每百克橘子果肉中，含蛋白质 0.9 克、脂肪 0.1 克、

粗纤维0.4克、钙56毫克、磷15毫克、铁0.2毫克、胡萝卜素0.55毫克、维生素B 0.08毫克、维生素B2 0.3毫克、烟酸0.3毫克、维生素C 34毫克以及橘皮甙、柠檬酸、苹果酸、枸橼酸等营养物质。橘子性平,味甘酸,有生津止咳的作用,用于胃肠燥热之症;有和胃利尿的功效,用于腹部不适、小便不利等症;有润肺化痰的作用,适用于肺热咳嗽之症。橘子具有抑制葡萄球菌的作用,可使血压升高、心脏兴奋,抑制胃肠、子宫蠕动,还可降低毛细血管的脆性,减少微血管出血。橘子对减肥有利。综上所述,橘子实在是一种老少皆宜的水果。大量种植,有巨大的市场效应和利润空间。在南方地区,柑橘是一种主要的外销果品。

行家出招

招式 18　柑橘种类和品种

柑橘属于芸香料柑橘类植物。它既可以广义地泛指包括柑橘属中的宽皮柑橘、甜橙、柚子,以及金柑属等柑橘类果树的总称,也可狭义地单指宽皮柑橘类果树。宽皮柑橘类果树又可进一步细分为普通柑、温州蜜柑、红橘和黄橘四类。因其果实形扁而果皮宽松易剥,故俗称扁桔或宽皮柑橘。

我国柑橘(以下均指宽皮柑橘)的分布主要在长江流域以南各省。著名品种有湖南、浙江、湖北、四川、江西等地的温州蜜柑(又称无核橘),四川、福建等地的红橘(俗称川橘、福橘),浙江、湖南、湖北的朱橘(又称朱红橘、迟橘),江西的南丰蜜橘(又称金钱蜜橘),浙江的早橘(也称黄岩蜜橘)和本地早橘(也称天台山蜜橘),以及广东、福建、广西、台湾的蕉柑(又称桶柑椪柑(又称芦柑或汕头蜜橘)等。

在温州蜜柑中,又有宫川、龟井、兴律、立间等早熟品系,山田、米泽、南柑20号等中早熟品系,和尾张、南柑4号等中熟品系。

宽皮柑橘尤其是温州蜜柑,是柑橘类果树中抗寒力较强的种类,柑橘北缘地区栽培的品种主要属于本种。

招式 19　柑橘苗圃地的选择

柑橘苗圃地的选择应从当地的具体情况出发,因地制宜地选择地理位置、地势、土壤与灌溉水源等综合条件良好的地方作苗圃,以确保苗木的繁殖质量和方便苗木运输。

1. 地理位置。苗圃地应选择交通便利,靠近水源的地方,便于苗木的管理与起苗运输。要求苗圃地设在远离病虫害、特别是远离检疫性病虫害的隔离环境,并注意选择没有空气污染的地方。

2. 地势条件。选择地势开阔、平坦、背风向阳和排灌良好的地方作苗圃。凡地下水位高或地势低洼易积水的地方不宜用作苗圃。如果在山坡地育苗,必须选择5度以下的缓坡地,并改为等高梯地才能育苗,以避免地表径流,同时要设置蓄水设施。

3. 土壤条件。苗圃地要求土壤质地疏松、土层深厚、有机质丰富,透水、透气性良好,pH值在5.5~6.5,以壤土或沙质壤土最好。沙土保水、保肥能力差;黏重土易板结,通透性较差,不利于根系生长发育。因此,沙土和黏重土必须经过土壤改良才能作苗圃地。

4. 灌溉条件。柑橘苗木的生长发育需要有充足的水源。因此,苗圃地附近周围应有充足的水源条件或提水灌溉设施。

苗圃地选定后,土壤要消毒方可播种育苗。

招式 20　柑橘育苗

柑橘实生繁殖变异较小,树势强,抗寒性好,经济寿命长,所以过去北缘桔区多有应用实生法繁殖桔苗的,并形成若干抗逆性强的地方品种。但实生苗始果期晚,栽植后常需8~10年才能投产。且现在生产上推广的温州蜜柑,本身具有较强的抗寒性,故大量繁殖苗木时都用嫁接法。

砧木多选用枳壳(又称枸桔,俗称臭桔子),它具有亲和性好和使树体矮化、早果等优点,特别是北缘橘区,它还具有抗寒性强的特点。枳壳不耐盐碱,土壤含盐量过高时,容易发生缺铁性的黄叶现象。故沿海滩涂地区宜选用抗盐力强的枸头橙。山地种橘时,还可选用根系分布深、抗旱能力强的香橙、枳橙或蟹橙作为砧木。北缘桔区在选择接穗品种时，应选用抗寒力强的早、中熟品种。果实采收早，有利于树势的恢复，提高树体的抗寒性。中晚熟或晚熟品种（品系）在秋冬降温前常不能正常成熟，不宜选用。

柑橘嫁接育苗常用的方法，有单芽腹接、单芽切接及半T形芽接法等几种。切接和芽接技术基本上与一般果树相同。芽接适期在8～9月间。柑橘枝条较细，皮层较薄，接芽片有1.3～1.5厘米长即可，并宜稍带木质部。切接时间掌握在3月下旬到4月中旬，接穗用单芽枝。接后对所有剪口、接口都用塑料薄膜包扎，露出接芽。腹接在3～10月间都可进行。先在砧木距地面10～15厘米处从上向下连同皮层纵切一个宽切口，长1.5～2厘米，深达木质部，再将切口的砧木皮部横切去1/3，然后插入接穗。接穗的削取同单芽切接法，但长削面不能削得太重，略见木质部即可。接穗插入时，务使与砧木削面的形成层对齐贴紧，并抵达切口底部，然后绑扎。

招式21　建园

北缘橘区作为商品性基地成片发展柑橘生产时，首先要选择附近有大水体（如湖泊之类）或地处山坡逆温层、背风向阳、冬季小气候条件优越的地方，避免在冷空气容易流经的风口或滞积的低洼谷地建园。栽植前或栽植的同时应先营造防风林。树种宜选珊瑚树（法国冬青）、女贞、石楠等抗寒的常绿树种。家前屋后零星栽植的，选背风向阳冬季容易防寒的地方即可。柑橘对土壤要求不严。凡土层深厚、排水良好、地下水位低的地方均可栽种。

栽植柑橘的适宜时期，北缘橘区以苗木不受冻的相对休眠期为宜。秋植要早，在秋梢停长、严寒来临前约1个月结束。栽植后做好灌水、培土等防寒工作。过迟种植，树体容易受冻。春植在柑橘萌芽前、气温回升稳定后（约3月中旬至4月上旬）进行较为安全。少量苗木，在春梢停长、夏梢抽生前的梅雨季节内也可栽种。有的橘区有养育2～3年生大苗带土栽植的经验，栽后成活率高，生长快，结果早，也不易受冻。这一经验值得推广。

柑橘适于密植。栽植距离依品种、砧木及土壤肥瘠等而异。一般枳壳砧温州蜜柑株行距约（2.5～3）米×（3～4）米，其他宽皮柑橘品种（3～4）米×（4～5）米。山地宜密，平地宜稀。为提高早期产量，柑橘还可进行先密后稀的计划密植。成片栽植时，还要考虑品种间的配植。

招式 22　柑橘的整形

柑橘干性弱分枝性强，整形可顺应其分枝习性，因势利导，适当疏删，培养没有中心干的自然开心形树形或中心干不明显的自然圆头形树形。

温州蜜柑树冠开张，喜光性强，以外围枝结果为主，树冠外围要求具有凹凸面，使透光良好，应用自然开心形树形最为相宜。通常在苗高40~50厘米处定干，下部25~30厘米作为主干，上部相间分生三大主枝，保持一定的分枝角，其他芽、梢及早抹除。以后在离主干30厘米左右处的主枝上，在外斜方向选留副主枝，每一主枝上陆续相间培养2~3个分枝，使在树冠外围具有明显的层次。整个树形的模式与落叶果树中的桃相同。整形中也采用拉枝等技术调整枝角。

一些枝干比较直立的品种，如椪柑、朱红橘等，习惯上采用自然圆头形树形。这种树形基本上是按照柑橘自身的分枝情况，稍加疏删调整而成。苗木定干后，在分枝中选择3~4个健壮而分布均匀的枝条作为主枝，其上也配置一定数量的副主枝占据空间，每年主枝、副主枝不断分枝，并向外延伸，最终即成自然圆头形的树冠。这种树形修剪量轻，整形容易，但枝条密生，从属关系常不明显，盛果期后内膛无效容积较大而绿叶层较薄，需适当疏删缩剪大枝，否则产量不易提高。

招式 23　柑橘修剪

修剪在北缘桔区主要在春季萌芽前进行。柑橘叶片常年进行光合作用，花芽又多着生在枝梢的上部，因此修剪量必须从轻，一般不宜超过全树叶片数的1/5。

幼树整形的头三年内，主要是培养骨干枝，迅速扩大树冠，对各级骨干枝的延长枝都要按要求短截，一般剪留40~50厘米。遇有花蕾出现时应全部摘除，不使挂果。或在秋末冬初柑橘花芽分化前喷100~200Ppm浓度的赤霉素2~3次，次年即可基本无花。

进入结果期后，除需及时疏除干枯枝、细弱枝、密生枝和徒长枝外，对结果母枝也应根据具体情况适当剪截，以平衡结果与生长的矛盾。一般大年树应短截部分结果母枝,并对其他枝条适当重剪,疏密留稀,促发着梢;小年树则应尽量多保留给果母枝,使其结果,而适当轻剪。结果母枝抽梢结果后,在结果部位下方能抽发新梢的强壮母枝,结果后可缩留到新梢发生处;如母枝当年没有抽梢,结果后可将原结果母枝疏除。对结果枝的修剪,带叶果枝采果后,生长健壮的当年可直接转变为结果母枝,应行保留;不能转变为结果母枝的,可适当短截使其发生新梢,重新形成新的结果母枝。无叶果枝采果后即自行干枯,可剪除。

已结过果的下垂枝和衰弱的结果母枝应适当重缩剪,以利新结果母枝的培养。但温州蜜柑的披垂性长枝具有一定连续结果的能力,结果后以适当缩剪多加保留为宜。结果枝组生长结果衰退时,可在3~4年生枝的部位上缩剪,以促进更新。

具体修剪时,还要注意品种、树龄、树势及挂果多少的差别,灵活运用。

为了及时调整柑橘枝梢的生长,减少养分消耗,生长期间还需经常进行抹芽控梢和摘心工作。对丛生密集的枝梢按"五去二,三去一"的标准,抹除太弱、太强的枝,保留健壮的中庸枝,去密留稀,使养分集中,枝条分布均匀,生长健壮。幼树期间夏梢发生较多,会影响着果。北缘橘区多数利用春梢及早秋梢的生长来培养结果母枝,对夏梢可在其抽发时随时抹除。为节省劳力,也可在夏梢或晚秋梢萌生前后3~4天喷布250~750ppm的调节膦溶液进行控梢。夏梢的抹除工作到7月中旬结束,7月下旬以后即可开始放梢,在放梢前15~20天应施一次重肥,以使早秋梢萌发整齐。放梢后要疏弱留强,适当稀疏枝梢。

此外,春梢抽发过旺时,也可抹除部分旺长的春梢营养枝,以提高着果率。无论春梢、夏梢或秋梢,凡生长达25~30厘米后都应摘心,使生长充实,或促发分枝,形成良好的结果母枝。

招式24 土肥水管理

柑橘只有根系生长良好,才能正常结实和提高植株的抗寒能力。特别是丘陵山地的柑橘园,要注意深翻改土,逐年扩大树盘,使根系深入土层,以免冬季发生旱冻。缺乏水源的地方,要推广地面覆盖,创造柑橘根系良好生长的环境。

柑橘需肥量较多,盛果期大树每年应施肥3~4次。一次是采后肥,作为基肥在10~11月间施入。采收较晚的中熟品种,可在采果前一周施用。作用是恢复树势,增加树体贮藏营养,提高植株抗寒能力和促进花芽分化。施肥量占全年用肥的40%~50%,以猪羊圈粪、饼肥及人粪等有机肥料为主,也可适当配合速效化肥。一次是催芽肥,在春季天气转暖、柑橘萌芽前1~2周施入,促使春梢抽发整齐,生长健壮,延迟老叶脱落,提高着果率。这次追肥以速效氮肥为主,配合磷钾肥,掌握弱树多施,强树少施。再一次是壮果肥,在生理落果停止后的7月份施入。幼树可结合放梢肥及灌水一起施用。施肥期不宜过迟,否则容易促发晚秋梢。肥料种类氮磷钾三要素相配合。此后,即要控制肥水,以提高树体的抗寒越冬能力。

施肥量一般按果实产量估算。每生产100公斤柑橘果实,需纯氮0.5公斤~0.7公斤,磷0.3公斤~0.4公斤,钾0.4公斤~0.5公斤。高产田块在谢花后可增加一次追肥,还可应用根外追肥。幼树及推迟结果的壮旺树则要减少施肥量和施肥的次数,特别是氮肥。

橘园土壤应经常保持湿润状态。夏秋高温季节如有伏旱或秋旱,要及时灌水满足需要。枳壳砧不耐湿涝,低洼橘园在雨季要做好汗沟排水工作,避免发生烂根或地上部生长受抑。

招式25　保花保果和防冻

柑橘落花落果的现象比较严重,应区别原因采取不同的措施。对于生长差得多花弱树,应加强肥培管理,进行疏花疏果,保持一定的叶果比,并做好冬春的保叶工作。对于因枝梢旺长,特别是夏梢萌发过多而引起的落花落果,要适当控肥控梢。对于花多生长旺的幼树,可从花蕾期到谢花后在旺枝上用快刀环割2~3圈,暂时抑制生长。此外,在盛花末期喷布50PPm的赤霉素,隔15~20天再喷一次,或在蕾期和六月落果期各喷一次100Pp 木质素酸钠溶液,均可有效地提高着果率,达到保花保果的目的。

北缘橘区在周期性寒流的侵袭下,经常会发生不同程度的冻害。除严格选择有利的立地条件,营造防护林,选用抗寒品种和抗寒砧木外,栽培上,秋季应及时结束秋梢生长,树体结果量要适当,采后肥要及时施用。一些保护树体、减少温差的应急性临时措施,如枝干涂白、束草、扎泥绳、根茎高培土、在树盘上撒灰、铺草或覆盖塑料薄膜,以及冻前灌水、霜冻期熏烟等也都有一定的防寒效果,可以选择应用。大面积防冻还可应用抑蒸保温剂。家前屋后的柑橘树,在大冻前用稻草和塑料布搭成双层三角棚,套住橘树进行整体保护,防寒效果良好,练春暖后再行拆除。

招式26 主要病虫害及其防治

柑橘上病虫害较多,常见的病害有溃疡病、炭疽病、疮痂病和树脂病等。

(1)溃疡病:是一种细菌性病害,对苗木和幼树为害最重,常引起大量落叶;对成年树可为害新梢、叶片和果实。病菌在病梢和病叶上越冬。防治方法:加强检疫,建立无病苗圃,防止接穗、苗木带菌传播,或购买无菌苗木栽植。做好清园工作。药剂防治可在春梢长1厘米和谢花后10天、30天和50天各喷药一次。有效药剂有70%代森锰锌500倍液,1:2:200倍波尔多波,以及600~800单位/毫升农用链霉素混加1%酒精等。

(2)疮痂病和炭疽病:都是真菌性病害,为害新梢、叶片和果实,病菌均在病梢和病叶上越冬。防治方法:除冬季做好清园工作减少病源外,生长季节可使用波尔多液、退菌特或托布津等药剂保护新梢及幼果。

(3)树脂病:病害的发生与柑橘冻害密切有关。防治措施应以增强树势,防止枝干受冻为主。枝干发病后可在病斑及其周围纵横刻划,深达木质部,然后用50%的托布津或50%多菌灵100倍液,或用401抗菌剂50~100倍液或树脂净连续涂抹2~3次,每次间隔1周。

柑橘主要虫害有多种介壳虫、红蜘蛛、锈壁虱、潜叶蛾和花蕾蛆等。

(1)介壳虫:目前国内以矢尖蚧最为普遍和严重。一年3代,世代重叠。常引起落叶枯梢,削弱树势,降低果实品质。矢尖蚧以雌成虫越冬。可掌握第一代若虫孵化盛期喷40%氧化乐果500倍液,20天后再喷一次,或用20%扑虱灵1000倍液,40%水胺硫磷500倍液喷布防治。

(2)红蜘蛛和锈壁虱:前者为害叶片,后者主要为害果实,两种害虫每年发生的代数甚多。防治方法:柑橘萌芽前喷波美0.8度~1度的石硫合剂,抑制越冬虫口,生长期间根据虫情再喷20%三氯杀螨醇800~1000倍液,73%克螨特2000~3000倍液,或5%尼索朗乳剂2000倍液。

(3)潜叶蛾:为害叶片,以嫩梢和幼叶受害最重。卵产于嫩芽上。防治方法;主要掌握在夏、秋梢大量抽生后不久,及时连续喷药2~3次(每次喷药间隔期约10~14天)。药剂以拟除虫菊酯类的各种杀虫剂效果最好,如20%速灭杀丁乳剂2500~3000倍液,2.5%敌杀死6000~8000倍液或20%灭扫利5000倍液等。可兼治凤蝶幼虫。

防治柑橘病虫害时,要注意药剂的交替使用和保护天敌。

招式27　采收和贮藏

柑橘的采收运期随品种和地区等条件而异。一般以果面大部着色,能完全表现该品种应有的色泽和风味时进行采收为宜。但有时上述两项标准并不完全一致。如江苏早红橘在10月上、中旬采收时,常仅果面顶端一处呈现红色,福橘也以果面色泽尚部分带绿时糖分最高,而同期成熟的黄皮橘则宜在果面完全呈现鲜黄色时采收。温州蜜柑也有类似情况,特别是北缘橘区成熟时气温尚高,多在果面带绿时即可采收销售。同一株树上的果实熟期不一,应分批采摘。

北缘橘区栽种早、中熟品种较多,因此一般橘果不耐久贮。如江苏吴县的地方品种早红、黄皮,采后7~10天风味即变淡;浙江的早桔、本地早和早熟温州蜜柑,也只能贮藏到元旦。只有成熟较迟的料红品种可贮至第二年3月中旬,尚保持好果率80%~90%,较耐贮藏。此外,温州蜜柑中的中、晚熟品系,如尾张、青岛以及椪柑品种,也较耐贮藏。

柑橘果实缺乏后熟作用,贮藏用的果实应在树上充分成熟后再采收,早采影响果实的耐藏性能和品质。贮藏用果应选晴天露水干后采摘,并在采收和运输过程中避免果皮破损。为减少贮藏中桔果的霉烂,可在采后1~2天内用0.1%浓度的托布律或多菌灵和50PPm~100ppm浓度的2.4-D混合配成溶液浸果1分钟,然后在通风处沥干,再置冷凉处贮放。贮藏温湿度以3℃左右低温和相对湿度保持85%为宜,贮藏期间要注意适当通风换气,并勤加检查。家庭少量贮存柑橘,可在坛罐内与新鲜松针间层贮放。最上面再盖一层松针。然后用塑料薄膜封口,并定期检查换气。

温馨提示

1. 柑橘园的灌溉方式主要有哪几类？各有什么特点？

柑橘园灌溉方式可以分为普通灌溉和节水灌溉两大类。普通灌溉又可以分为沟灌、漫灌、简易管网灌溉、浇灌等方式。节水灌溉又可以分为滴灌、微喷、地下渗灌等。普通灌溉的建设成本较低，但灌溉效果较差。节水灌溉建设成本较高，需要专人维护，但水利用率高。

沟灌和漫灌是灌溉水通过水渠、水沟直接流到柑橘园的灌水沟里或柑橘园的地面。建设成本低，但需水量大，水利用率低，要求柑橘园的地势比较平坦，一般只适宜水源充足的平地柑橘园或梯田改建的柑橘园。

简易管网灌溉是在柑橘园内铺设输水管网，利用水的自然落差或水泵提水加压后，将水送到柑橘园内。简易管网灌溉建设成本适中，较节水，对地形没有严格要求。

浇灌是直接将水浇在柑橘树下，按取水方式的不同，又可分人工挑水浇灌、水沟引水浇灌、简易管网供水浇灌、移动式抽水浇灌等。浇灌的特点是比较节水，建设成本低，但灌溉时费时费力。

节水灌溉是将输水管铺设到每株柑橘树下，水经过过滤、加压后直接送到柑橘的根区。滴头出水的为滴灌，喷头出水的为喷灌，埋在地下的水管孔出水的为地下渗灌。节水灌溉水利用率高，省时省力，但建设成本高。

2. 柑橘为什么容易出现微量元素缺乏？

柑橘根系发达、分布深广，一经定植，即长期固定在一个位置上，根系不断地从根域土壤中有选择地吸收某些营养元素，需要土壤供应养分的强度和容量大，一旦供应不平衡，容易造成某些营养元素的亏缺。柑橘对多种元素的亏缺和过量比较敏感，所以缺素症的出现较为普遍，尤其是新发展的果园多种植在瘠薄的土壤上，因此，必须根据果园土壤营养特点，施用富含多种营养元素的肥料，以保证果树营养的生理平衡。或者是深翻土壤，结合改土措施，以使土壤土层深厚、质地疏松、酸碱度适宜、通气良好。

3. 柑橘保花保果的主要技术措施有哪些？

（1）春季追肥。从春芽即将萌动或刚开始萌动开始，浇施腐熟的人畜粪尿加0.5%左右的尿素或磷酸二氢钾，或下雨之前在疏松的地面撒施尿素、磷酸二氢钾、复合肥等1~3次，视树体大小和强弱情况，每次100~300克。

（2）控梢 在花前对新梢抹除30%~50%，其余留下的新梢留3~4叶摘心,对花后抽发零星的晚春梢、早夏梢全部留3~4叶摘心,对温州蜜柑、柚子及幼龄旺树较适合。

(3)喷布保果剂 从谢花50%左右开始,喷布1~3次30~80ppm的赤霉素,每次间隔2~3周。或喷布赤霉素+0.5%左右叶面肥,叶面肥可用尿素、磷酸二氢钾或可溶性复合肥等。但沙田柚等多数柚类不适宜用赤霉素保果,否则,果皮异常增厚。

(4)环割与环剥。环割是在花期对主枝或大枝环切,深达木质部,每枝环切2~3圈,为了提高环割效果,在第一次环割后20~25天,可再环割一次。环剥是在花期对主枝或大枝上环切2圈,深达木质部,2圈之间间隔2~3毫米,然后将2圈之间的皮层剥离,露出木质部。环剥后,最好用薄膜包扎剥口,加快剥口愈合。

4. 如何避免柑橘果实和树体在向阳面结成干疤?

柑橘的果实和树干表面在炙热阳光的直射下,温度达到45~50℃以上持续一段时间,即可在表面经灼伤成水浸状后失水形成一块干疤,这种现象称为"日灼"。树体表面结果、朝天果容易产生日灼;叶片偏少、树体衰弱的树上更易发生日灼。

防止日灼要加强果园的管理,均匀树体的枝梢和叶片分布,灌水、涂白、果面贴纸等均可以避免或缓解。

5. 柑橘"果皮内裂"是怎么回事?如何预防?

(1)症状。"果皮内裂"或称为"水纹果",由于果皮的白皮层发育不良而出现的果实表面凹凸不平,果皮松软,严重影响果实的外观品质和贮藏性状的症状。这种症状在果实转色前开始明显显现,但在此之前就已经较严重了。

(2)成因。一般认为这种果皮的白皮层发育不良引起的果皮内裂,是由于缺钙造成的,外源补钙会有一定的效果;柑橘果实在幼果期是先长果皮,后长果肉,所以幼果期果皮的发育好坏对后期的影响较大,树体的营养、特别是均衡营养十分重要。一般老果园出现的多,可判断为养分失衡所致。

(3)预防。管理好的果园症状较少,有机肥较多、养分均衡,果皮内裂的情况少。无论是秋冬季的基肥、还是幼果期和果实膨大期的追肥,均需养分均衡。7月到8月喷施赤霉素20ppm以促进白皮层的发育,减少内裂果的发生。喷施时注意赤霉素液的pH要在4~4.5范围,可以加展着剂(如400倍家用洗洁精)提高效果,喷布要均匀透彻,在傍晚或早上露水干后喷,避免中午高温时候喷施,不宜与铜离子制剂合用,赤霉素等生长调节剂在碱性、阳光、高温、低湿度条件下容易分解。7月上喷施2%硝酸钾或者2%硝酸铵也可促进白皮层发育,减少内裂症状。

6. 柑橘果实"油胞下陷"的原因是什么?如何预防和减轻?

(1)症状。油胞下陷又称为油斑病,它实际上是油胞周围的细胞下陷,是一种常见生理性病害,影响果实的外观品质和贮藏性。最开始是油胞周围斑点内陷,随着时间推移,病害区域的果皮下沉和颜色变深,从而使油胞突出而表现出明显症状。对于未成熟的果实,则不能正常着色,往往会留下一些绿色或浅黄色区域。另外,油胞凹陷主要是损害了表层细胞,而油胞下面深层细胞一般结构还保持完整。

(2)成因。根本原因是油胞破裂,导致油脂释放腐蚀周围黄皮层的薄皮细胞、表皮及其下层的细胞造成的,人为针刺油胞或直接涂抹油脂均可还原这个症状。机械伤、刺吸式口器昆虫留下的伤口、露水泡涨、药害、冷害等均可使油胞破裂而产生这一症状。

柑橘种类中,华盛顿脐橙类品种、椪柑、蕉柑等的一些晚熟品种发生较重。同一品种在另一产地几乎没有发生,说明这种症状还与产地的气候和土壤条件有关,如果实成熟期的温度低、湿度大、土壤养分失衡等。

(3)预防。管理好的果园油胞下陷明显要轻得多。加强病虫防治可减少机械伤、刺吸式口器昆虫特别是叶蝉的伤害;加强培肥管理可使果皮结构发育紧密,油胞不易破裂。

机油乳剂、柴油乳剂等油脂类农药,必须充分乳化后施用。

从采收、装箱运输到采后处理的各个环节,均要轻拿轻放,减少果实表面的机械伤。

柑橘成熟季节温度低、露水重、有霜冻的地区症状较重,因此采收应选择在雨停2天后天气晴朗的下午、在果皮细胞的膨压减轻之后进行。

采收后的果实要进行预贮,使果实减量3%~5%之后再进行贮藏运输。

果实开始着色时喷施2%的硝酸钙、10~20ppm的赤霉素,可以减少果实在冷库中出现的果皮凹陷。

对那些经洗果打蜡、高温烘烤过的果实,需经过冷库或自然风冷的预冷过程后才能装箱运输。

冷库贮藏的果实需要梯度升温后才能出库销售,直接出库遇高温会使果实表面结出大量露水,导致油胞吸涨破裂。

第四章
11招教你种芒果

shiyizhaojiaonizhongmangguo

招式28：芒果的生长和发育
招式29：开花结果习性
招式30：芒果生长的环境条件
招式31：芒果的品种分类
招式32：培育芒果砧木苗
招式33：嫁接
招式34：开垦与定植
招式35：施肥
招式36：整形修剪
招式37：其他农业措施
招式38：主要病虫害防治

99招让你成为
zhongzhinengshou

> **简单基础知识介绍**

芒果是世界五大名果之一，享有热带果王之美誉。其栽培历史悠久，4000年前印度已有栽培。我国是芒果原产地之一，据报道，冬芒为我国仅有，海南栽种芒果的历史超过300年。

芒果营养丰富、含糖量和热量高，维生素A和C极丰富，果肉芳香甜滑，风味独具一格，有"热带果王"的荣誉，在国内外市场都很受欢迎。除作鲜果外，还可制果汁、果酱、罐头、腌渍、酸辣泡菜及芒果奶粉、蜜饯等。

芒果容易栽培，一般嫁接树植后3年可结果，在管理良好的情况下5~6龄树亩产可达400~500千克，亩产值可达人民币2000元或更高。多数芒果由于采收期适逢高温季节，一般采后5~8天自然黄熟，运销期不长。又因为炭疽病和蒂腐病的潜伏感染，尽管低温可延长贮运时间，但黄熟过程也会出现病害，因而限制了芒果商品化生产的发展，芒果的储运是世界芒果产业的一大难题。但即便如此，芒果因其着色好，含糖高，纤维少，口感好，深受市场欢迎，因此前景广阔，开发潜力大。

> **行家出招**

招式28　芒果的生长和发育

1. 枝梢生长习性。芒果枝梢呈逢次式生长，芽由苞片包裹，生长时苞片先绽开，芽梢伸长，叶片开展，苞片随即脱落。中、下部叶片互生，叶距较大。一般苗期和幼树每年抽6~8次梢，幼龄结果树抽2~4次，成龄树1~2次。3~5月抽生的枝梢为春梢，6~8月为夏梢，9~11月为秋梢，12~2月为冬梢。在海南秋梢是主要结果母枝。但春、夏梢也可成为结果母枝，在条件良好的情况下，某些品种在12~1月抽生的冬梢也能开花结果。从芽萌动至枝梢停止生长、叶片老熟历时15~35天。夏、秋梢历时较短，冬梢较长。枝梢生长与根系生长交替进行。

招式 29　开花结果习性

（1）花芽分化在正常情况下，海南芒果花芽分化从10月下旬至11月开始。使用催花剂则任何时候都可能分化。从花芽分化至花序的第一朵花开放历时20～39天，但第一朵花开放后花序还在继续伸长。适当的低温干旱有利于花芽分化；气温高有利于两性花的形成。

（2）开花芒果树自然开花在每年12月至次年1～2月，有时会早至11月或迟到次年3月，盛花期在春节前后。一个花序从第一朵花开放至全花序开放完毕需15～25天，一株树的花期约50天。芒果花有两性花与雄花，两性花有发育正常的雄蕊和雌蕊，可进行正常的传粉受精和结实；雄花没有雌蕊，开花后不能结实。多数栽培品种两性花占15%以上。一朵花从花瓣展开至柱头干枯约1.5天。

（3）果实发育开花受精后子房开始膨大，约经1.5个月后迅速增大，采果前10～15天增长极缓慢或不增长，这时主要是增厚、充实、增重。从开花稔实至果实青熟，早熟种需85～110天，中熟种100～120天，迟熟种120～150天。在果实发育期间有两次明显的落果高峰：第一次在花后两周左右，主要是受精不良的小果枯黄脱落，落果量较大；第二次在花后4～7周，除小部分是发育不良的畸形果或败育果外，而更多是因养分和水分不足造成落果。花后2.5个月以后很少再发生生理落果，到80～85天只有风害、裂果或病虫害才招致落果。果实收获期在5～7月，因品种和地区而异。

招式 30　芒果生长的环境条件

1. 温度。最适生长温度为25～30℃，低于20℃生长缓慢，低于10℃叶片、花序会停止生长，近成熟的果实会受寒害。低于3℃幼苗受害，至0℃严重受害。

2. 水分与湿度。芒果枝梢生长，开花结果和果实发育都需要有充足的水分。但花期和新梢生长期连续降雨、大雾或空气湿度大易发生病害，影响授粉，并引起枯叶、枯花、枯果。果实发育期多雨易诱发煤烟病和炭疽病，影响果实外观，降低品质，延缓成熟，果实采后也不耐贮运。

3. 光照。芒果为阳性树种,光照充足则开花结果多,果实外观美,含糖量高,品质好耐贮运。特别红芒类,在光照不足时红色淡或不显露。

4. 风。叶大、枝叶浓密的品种,6级风会导致落果和扭伤枝条,8级以上会导致大量落叶和折枝。因此海南种芒果必须营造防护林。

5. 土壤和海拔。芒果对土壤要求不苛,在海南600米以下的地区均可栽培芒果。但以土层深厚,地下水位低于3米以下,排水良好,微酸性的壤土或沙壤土为好。

国内外经验认为:年平均温度21~27℃,最冷月均温12℃以上,无霜;年雨量不低于1300毫米或虽干旱而有灌水条件,冬春无低温阴雨天气,阳光充足;土层深厚、肥沃、排水良好、微酸性或中性,这是发展芒果商品生产最理想的环境。

招式31　芒果的品种分类

芒果属有39个种。商业栽培的品种主要属 M. indica L. 这一种,原产印缅边界。全世界的芒果栽培品种有1000多个,从植物学分有两大种群:

(一)单胚类型:种子仅有一个胚,播种后仅出一株苗,实生树变异性大,不能保持母本优良性状。印度芒及其实生后代(如红芒类)、我国的紫花芒、桂香芒、串芒、粤西1号和广西"红象牙"等均属单胚品种。

(二)多胚类型:种子有多个胚,播种后能长出几株苗,能发育成苗的胚多属无性胚,故实生树变异性小,多数能保持母本性状,菲律宾品种、泰国芒及海南省的土芒多属这一类型。

招式32　培育芒果砧木苗

1. 种子处理。

用本地土芒作砧木较好。芒果种子易丧失发芽率,取出新鲜的种子应马上洗净果肉、晾干即剥壳催芽。

2. 播种。

芒果种子有厚壳,影响发芽,剥壳催芽出苗率提高一倍,可在树荫或荫棚下设沙床,沙床高15~20厘米,把去壳的种仁种腹向下,一个接一个排列沙床上，行距3~4厘米，种后盖上细沙，淋水并保湿，经10~15天发芽出土。

3. 移苗。

苗床整理与一般作物同。在催芽的种子芽长10~15厘米，叶片未开展前移苗。苗距22×15~20厘米，每亩可育苗6000~8000株，自沙床上全根起苗，保持种仁完整，主根长10~15厘米，栽植深度如原苗，植后淋定根水。

4. 管理。

及时淋水，盖50%荫蔽度的临时荫棚能有效地减少苗木受灼伤，提高成苗率，适时追肥，待幼苗长出2蓬真叶后，每亩施尿素5~8公斤；及时防治病虫害。苗期主要病害有炭疽病、叶斑病和叶枯病；害虫主要有横纹尾夜蛾、瘿蚊、切叶象甲、潜皮细蛾、甲壳虫和蚜虫等，每抽新梢时应喷药防治。

招式33 嫁接

1. 补片芽接。

其优点是操作简便易学，接穗利用率高，通常每米接接穗可接20株苗左右；接活后可用裸根芽接桩直接定植。一般以3~10月为芽接适期。雨天及刮干热风时不宜芽接。

2. 切接。

其优点是不受物候相和剥皮难易的影响，只要温度达20℃以上任何时候都可嫁接，且成活后抽芽成苗快。但技术要求高，砧木和接穗的切面要非常平滑才能接合良好。要待接穗老化后定植才易成活。

3. 枝腹接。

优点与切接同，且可利用穗定老熟的顶梢嫁接，成活后截砧，不成活着重接。对嫁接苗要淋水保湿；及时抹除砧木萌芽。抽梢时及时喷药防病虫．如果留圃时间长，当接穗超过60厘米时要截顶，促进分枝。嫁接苗多以袋装苗出圃，出圃标准是：砧木茎粗0.8~1厘米以上，接穗已抽两次梢，叶片老熟，接茎粗不低于0.45厘米，已形成新的根系；如果是袋装砧嫁接成苗，砧木根已穿袋伸入地下，则起苗后需置荫棚下15~20天，待长出新根，枝梢不再萎蔫才能出圃。

也可用地栽芽接桩裸根出圃，直接定植于大田，技术掌握好者成活率达95%以上。但发芽和生长不一致，影响果园整齐度。裸根芽接桩以茎粗1厘米以上,根、茎无损伤者为好。

招式 34 开垦与定植

1. 规划与开垦。

选择气候条件适宜;土层深厚、肥沃、土质不易板结,不积水;靠近水源之处建果园。较大的果园应根据地形地势划分小区,规划防护林,排灌系统,道路及其他设施。园地两犁两耙,树头、茅草、大芒等要清除干净。坡地按等高开环山行或梯田。

2. 植地准备

(1) 种植密度,因气候、土壤肥力及品种不同而异。当前各地种植密度有 5×4 厘米(33 株/亩)、5×3 厘米(44 株/亩)或 4×3 米(55 株/亩)。为了增加早期收益,开始定植 4×3 米,收获 3~5 年后可在加密行隔株疏伐成 6×4 米。

(2) 植穴准备:定植前 2~3 个月挖穴,宽 80 厘米,深 70 厘米,每穴施腐熟的猪、牛粪或土杂肥 20~30 千克,过磷酸钙 0.5~1 千克,肥料与表土混合回穴。

3. 定植以 6~8 月定植为好。如有灌水条件,在西南和南部 9~10 月也可定植。如用袋装苗,在非干旱地区可在 3~5 月定植。以阴天或雨前定植为好。用裸根苗定植应保持根系舒展;用袋装苗定植则不能踩压土团。定植深度以根茎平土面为宜。植后淋透定根水并加复盖。

招式 35 施肥

1. 幼树施肥以氮、磷肥为主,适当配合钾肥、过磷酸钙、骨粉等磷肥。主要作基肥施用,追肥以氮肥为主。植后抽出 1~2 次梢时开始追肥,3、5、7、9 月各施一次追肥,每次每株施尿素 10~20 克,9 月施复合肥。如天旱可施 1~2% 的液肥或 1:4 的稀粪水,第二年用肥量加倍。在 6~8 月结合压青扩穴增施有机肥。每株施绿肥 50 千克,猪、牛粪或土杂肥 20~30 千克,或花生饼、过磷酸钙 0.5~1 千克。

2. 结果树施肥以氮、钾肥为主,钾的用量不少于氮,并配合磷、钙、镁肥。

具体抓好如下四次肥:

(1) 催花肥。10～11月施催花肥。树冠4米以内的(下同),每株施尿素和硫酸钾各150克或复合肥250克。树冠增大,施肥量相应增加。

(2) 谢花肥。当开花量大时,在谢花后每株施尿素100～150克,或结合喷药加入1%的尿素或硝酸钾作根外追肥。

(3) 壮果肥。谢花后约30天为果实迅速增长期,也是幼龄结果树春梢抽生期。此时至收获前15天应追施氮、钾肥1～2次,或作根外追肥,以保证果实发育所需的养分。

(4) 果后肥。采果后立即施重肥,在丰收年可于收果前后先施速效氮肥,每株施尿素150～200克,其后再施有机肥和磷肥。

招式36　整形修剪

整形修剪是芒果速生、早结果、丰产稳产,优质的关键措施之一。

1. 幼树的整形修剪。

植后苗高80～100厘米开始整形。

(1) 自然圆头形树冠整形。

定于苗高80～100厘米时摘心或短截,促进主干分枝。

培养主枝。主干抽枝后,在50～70厘米处选留3～5条生势相当,位置适中的留作主枝,其余摘除。如生势差异大或位置不适当,可通过拉、压枝条或人工牵引予以纠正。主枝与树干夹角保持50～70度。

培养副主枝当主枝伸长60～70厘米时摘顶,促进其分枝。在50～60厘米处选留3条生势相近的分枝,其中两条留作副主枝,顶上一条留作主枝延续枝。待延续枝伸长50～60厘米时再留第二层副主枝;如法再留第三层和第四层副主枝。所留副主枝应与主枝同在一平面上,与主枝夹角应大于45度,避免枝条重叠或交叉。副主枝长度不宜超过主枝。

辅养枝及其处理。由副主枝抽生的枝条可发展成枝组,也可发育成结果母枝,不宜剪除。对徒长性的强枝宜短截,促进分枝,以保持枝条的从属性;对扰乱树形的直立枝,交叉或重叠枝应予剪除。结果2～3年后,一些枝组生势变弱,或位置不适当,影响树冠通风透光者应逐步疏除。

在幼树整形修剪中,主要是培养骨干枝、尽量增加分枝级数,控制徒长枝，修剪位置不适当的枝条。在定植后2~3年内培养50~60条生长健壮而不徒长，位置适宜的末级枝梢，形成矮生，光照良好的圆头形树冠，为早结果打好基础。

（2）自然扇形树冠整形

选留主枝与副主枝主干截顶抽芽后，选留3个枝，其一作延续主干，另两条作第一层主枝，这两条主枝相对成一直线，各与行向成15度角。如角度不合，可通过人工牵引予以校正。待延续主干伸长后，距第一层主枝100~120厘米留第二层主枝，分枝方向与第一层呈斜十字形。以后整个树冠呈长圆或哑铃形。

副主枝及枝组的培养同圆头形树冠，为防结果后枝条下垂，初结果树在主干上缚一竹竿作结果后吊枝之用。

（3）结果树的剪修

此时修剪以短剪和疏删为主。

A. 花芽分化前修剪。

在海南于10月中下旬疏除过密枝、阴弱枝，病虫枝、交叉、重叠和徒长枝，增加树冠透光度，促进花芽分化。对生长过旺、多年不结果的植株可通过主枝环状剥皮、环割、扎铁丝及断根等方法抑制植株生长，促进花芽分化。

B. 在第二次生理落果后（约3~4月）剪除影响果实发育的花梗与枝条，疏除畸形果，病虫果及过小的败育果，两个果粘在一起的易招惹虫害，应去除一个，一穗果保留3~4个发育正常的果即可。对未结果或开花不结果的枝条可酌情短截，促进抽梢，培养来年的结果母枝，也可增加树冠的透光度。

C. 采果后修剪。这是重点修剪时期，采果后及时短截结果枝至该次梢的基部2~3节。如出现株间枝条交叉，可短截至不交叉为止。对树冠中的病虫枝、过密、交叉、重叠枝和阴弱枝予以疏除，对因多年结果而衰竭的枝条和徒长枝一般应予剪除，但如位置适宜，或树冠衰弱，也可短截更新，复壮树冠。

（4）老弱树更新复壮。经10余年或几十年结果，或因失管和病虫害导致枝条衰老，结果少，产量低的植株，可进行重截更新复壮。方法是：在离主干60~80厘米处重截主枝，重新培养骨干枝和枝组。根系也进行相应的短截，促发新根。可在离树干2米左右挖深、宽各40~50厘米的环状沟，施入腐熟的厩肥或堆肥，诱发新根。截干时间以10月至次年3月为好。经更新的植株，在正常管理下2年后便能有较好的收成。

无论整形或修剪，都必须与施肥和病虫害防治紧密结合才能取得预期效果。

招式37　其他农业措施

1. 套袋护果经验证明,收获前30~35天用白纸或旧报纸套包果实是培养优质果,提高产量的有效措施。经套袋的果实不受果实蝇和吸果夜蛾为害,不受枝叶刮损果皮,保持果面鲜美。一张旧报纸可制6~8个袋,每公斤报纸可制袋140~160个。套袋前先喷药杀菌杀虫,套后用钉书钉封袋口即可。

2. 应用生长调节剂保果或调节花期

(1)用多效唑调节结果期用多效唑(pp330)调节花期,可使收获期提前至四月。一般用量是每米树冠施15%的多效唑10克,土施结合喷药效果更佳。施后60~100天抽花蕾,连续2~3年有效。

(2)花前喷200ppm的乙烯利能促进花芽分化;在盛花期喷20ppm2.4-D;70ppm赤霉素或30ppm萘乙酸均能提高座果率,增加产量。

(3)开花结果期喷叶面宝,叶面肥或磷酸二氢钾也认为有增产效果。

招式38　主要病虫害防治

(一)主要病害

1. 芒果炭疽病为害嫩梢、花序和果实。湿度高时易发病,高温多雨季节尤甚,防治方法:

(1)农业措施:

①选用抗病品种;

②除杂草,清除病枝、病叶、病果;疏通树冠,增加透光度,减少病菌滋生条件。

(2)喷药防治常用的杀菌剂有1%波尔多液,40%多菌灵200倍液,25%代森锌400倍液,75%百菌清500倍液,70%甲基托布津1000-1500倍液。在花蕾期每10天喷一次,连续2~3次;小果期每月喷一次;抽梢期自萌芽开始每7~10天喷一次连续2~3次。

2. 芒果白粉病多发生于开花结果期,为害花序和叶片。

防病方法:

(1)在抽蕾和开花稔实期喷320筛目的硫磺粉,每亩0.5~1公斤。但高温时不宜喷施,以防药害。

(2)喷70%甲基托布津300~500倍液。

(3)喷20%粉锈灵1500倍或45%超微粒胶体硫250~500倍液,每20天喷一次。此外还可用0.025~0.125%硝螨特,40%灭病威胶悬剂,400~600倍液或0.3~0.4波美度的石硫合剂,每10~15天喷一次,连续2~3次。

3.流胶枝枯病为害枝条,引起流胶,皮层坏死和枯枝。

防治方法:用刀削开病部,涂上10%波尔多浆保护;苗期发病可拔除病株,集中烧毁,并喷1%波尔多,或40%多菌灵200倍液,或75%百菌清500倍液保护,每10天一次,连续2~3次。

此外还有细菌性黑斑病和芒果灰斑病。

(二)主要虫害

1.芒果横纹尾夜蛾俗称梢螟或钻心虫。其幼虫蛀食,嫩梢及花序,影响植株生长和产量。防治方法:

(1)每年冬前清园,并在树皮缝隙、残桩腐木及土表搜索虫蛹;平时也可在树干上捆缚稻草或木糖,引诱幼虫化蛹,8~10天搜捕一次,消灭虫蛹。

(2)化学防治:在嫩梢或花序露出1~3厘米即喷杀虫剂防治,每7~10天喷一次,连续2~3次。常用的药剂有①90%敌百虫、50%速灭松或20%杀虫畏800倍液;②40%乐果或氧化乐果800~1000倍液;③50%稻丰散200倍液。用杀螟松、敌敌畏、磷胺或灭百可等可有效。

2.芒果扁喙叶蝉又称芒果短头叶蝉,为害花序和幼果,导致落花落果而歉收,并诱发煤烟病,也有害芽、嫩梢和叶片。当田间有叶蝉活动时即需喷药防治。主要药剂有:

(1)50%叶蝉散,50%杀螟松乳油,50%稻丰散,25%亚胺硫磷,50%杀螟腈或50%马拉硫磷等1000~1500倍液;

(2)20%速灭杀丁2000倍液;

(3)25%西维因可湿性粉剂或15%残杀威乳油500~800倍液;

(4)20%害扑威或20%速灭威600~1000倍液;

(5)10%高效灭百可4000~6000倍液;

(6)40%乐果和80%敌敌畏乳油各800倍混合液。

3.柑桔小实蝇和吸果夜蛾为害将成熟的果实,导致采前落果而减产。采前30~35天果实套袋是最有效的预防措施;其次是在果实发育后期每隔10

天喷90%敌百虫或除虫菌800倍液,但采前15天应停止喷药。

此外还有芒果脊胸天牛,芒果瘿蚊,切叶象甲,蚜虫和介壳虫等。

温馨提示

1. 芒果如何催熟?

芒果的催熟:一般采用人工催熟来促进后熟,采用催熟房来催熟芒果,在催熟房内温度控制在22℃~25℃,通风良好,采用稻草催熟,单层排放果实,每层果间用稻草隔开,用此方法后熟果整齐一致,果色鲜艳,一般在22℃~24℃室温下2~3天即可催熟。另外,乙烯利和脱落酸处理加速芒果后熟,并可导致可溶性糖含量上升,从而改善品质。

2. 芒果怎样才能多开花多结果?

芒果多开花多结果生产上常用乙烯利、多效唑来调控。

① 乙烯利:乙烯利进入植物体后,缓慢分解释放乙烯,对植物生长发育起调节作用。在果树多用作催花和催熟剂。对芒果树喷施500~1000倍液会导致严重落叶,但能有效地诱导开花。在正常花期前1个月,喷1次2000倍液的乙烯利,可增加花穗数量,并能促进花穗抽生,增加产量。研究结果表明,早春芒果大量抽生嫩梢,当嫩梢长度不超过5厘米时,喷施0.08%~0.1%多效唑加0.03%~0.035%乙烯利混合液,在低温的配合下,可使春梢停止生长,嫩叶卷曲脱落。顶芽、侧芽转为花芽或从第二次秋梢老熟到翌年1月,对芒果叶面喷施0.03%乙烯利1~2次,喷至叶面布满露点,欲滴未滴为度。若在11月下旬至12月仍有大量新梢抽生时,可用0.1%B9加1%尿素喷施1~2次,使新梢快速转绿,并抑制继续抽发冬梢,以利于花芽分化。

② 多效唑:是目前广泛使用的一种低毒、残留期短、残留量少而效果较明显的植物生长延缓剂。它能抑制植物体内赤霉素的生物合成,从而抑制植物营养生长,同时促进开花结果。实践证明,3~4龄芒果树,每株土施10克商品量(有效成分15%)的多效唑,即可有效地抑制芒果枝梢生长,促进开花。中国热带农业科学院南亚热带作物研究所1999年9月,对3年生的台农1号和4年生的爱文芒及紫花芒每株树土施10克商品量多效唑,比对照(不施多效唑)抽穗率提高80.7%~100%。施多效唑方法,是在树冠滴水线内开浅沟后,将多效唑溶于水均匀施在沟里并覆土。施后1个月内若遇天气干旱,要适当淋水,保持土壤湿润。

第五章
6招教你种樱桃
liuzhaojiaonizhongyingtao

招式39：种植园地选择及改土
招式40：苗木定植
招式41：土肥水管理
招式42：整形修剪
招式43：花果管理
招式44：病虫防治

简单基础知识介绍

樱桃是一种颇受大众青睐的水果,属蔷薇科落叶乔木果树。成熟时颜色鲜红,玲珑剔透,味美形娇,营养丰富,医疗保健价值颇高,又有"含桃"的别称。我国作为果树栽培的樱桃有中国樱桃、甜樱桃、酸樱桃和毛樱桃。樱桃成熟期早,有"早春第一果"的美誉。我国樱桃产量为3500万千克,人均只有29克,相当于每人有大樱桃3个或中国樱桃15～17个。可见樱桃具有广阔的市场前景。我国栽培的甜樱桃品种主要为欧美品种,在我国北方地区表现很好,由于欧洲甜樱桃一般需7.2℃以下低温900～1400小时方可完成冬季休眠,限制了在我国南方的大面积栽培。因而,在我国南方省区仍以中国樱桃为主栽品种,同时,中国樱桃的优良品种极少,可种植品种中普遍表现出果小、味酸、采前裂果、落果等诸多缺点。而中国樱桃的优良品种——乌皮樱桃(又称黑珍珠)的选育,成功的弥补了这些缺点。

乌皮樱桃是中国樱桃的芽变优株,1993年由重庆南方果树研究所选出,因成熟时果皮紫红发亮而得名。从果实形状来说,乌皮樱桃果实大,平均果重4.5克。果形近圆形,果顶乳头状。皮中厚,蜡质层中厚,底色红,果面紫红色,充分成熟时呈紫黑色,外表光亮似珍珠。果肉橙黄色,质地松软,汁液中多,可溶性固形物含量22.6%,糖17.4%,酸1.3%,风味浓甜,香味中等,品质极上。半离核,可食率90.3%。在重庆地区1月下旬至2月上旬萌芽,2月中下旬开花,4月中下旬果实成熟,11月下旬落叶。

种植习性上说,乌皮樱桃树冠开张,树势中庸。萌芽力强,成枝力中等,潜伏芽寿命长,利于更新。以中短果枝和花束状果枝结果为主,长枝只在中上部形成花芽结果,幼树中长果枝结果较多。成花易,花量大,自花结实率64.7%。乌皮樱桃发祥于南方高温高湿的重庆地区,对高温高湿环境适应性强,抗病力强,不裂果,采前落果极轻。一般采用嫁接繁殖,定植2年后,即可投产,进入盛果期。综合以上优点,及樱桃在国内国际市场的优良表现,种植乌皮樱桃是帮助农家致富的有效途径之一。

行家出招

乌皮樱桃因发祥于高温高湿的重庆地区,对环境适应性广,且表现抗病力强、不裂果、采前落果轻等特点,目前在四川、广东、广西、湖南、河南、陕西等地均有引种,表现优良,故只要掌握好其习性,掌握基本种植知识技能,便可迈入乌皮樱桃的种植门槛。

招式39　种植园地选择及改土

乌皮樱桃喜光照、喜温、喜湿、喜肥,不耐涝,不抗旱,适合在年均气温10~12℃,年降水量600~700毫米,年日照时数2600~2800小时以上的气候条件下生长。日平均气温高于10℃的时间为150~200天,冬季极端最低气温不低于零下20℃的地方都能生长良好,正常结果。

种植园地宜选择背风向阳,利于排水且土层较深的平地或缓坡建立种植园,以土质疏松、土层深厚的沙壤土为最佳。若在平地或粘土地上建园应注意开沟排水和土壤改良,可于定植前1个月按定植行开宽80~100厘米,深60~80厘米的壕沟改土,分层压入杂草、作物秸秆、磷肥、猪鸡粪水等。亦可先按设计的密度定植,然后逐年扩穴改土。

招式40　苗木定植

在南方,每年9月至次年2月为乌皮樱桃的定植期,其中以9~10月为最佳;北方地区则以2~3月春暖后定植为宜。采用矮化密植,株行距为1.5m×3.0m。定植时定根水应浇足、浇透,待其全都渗透后,于树盘上撒一层细泥土,最后用杂草覆盖直径1米以内的树盘(厚2~5厘米),以保持土壤湿度。

招式41　土肥水管理

乌皮樱桃属于浅根系树种,根系呼吸旺盛,所以要尽量满足根系生长所需水、肥、气、热的要求。

(1)幼龄园肥水管理(定植后1~2年)。乌皮樱桃幼树生长快,极易成花。为了早结丰产,在定植当年应加强肥水管理,使之迅速形成丰产树冠,并在7月份前停止生长,以尽快完成花芽分化。定植当年新梢长2厘米时施第一次肥,可每株施尿素15克,磷酸一铵10克(或过磷酸钙20g),猪粪水5千克。以后每月追肥1~2次,随着树冠的扩大逐渐增加用肥量。在6月中旬后停止追肥,并控制水分,以控制营养生长,促进花芽分化。于9月上旬施基肥一次,可每株施人畜粪水20千克,过磷酸钙250克。第二年密植园已有相当产量,应增施钾肥,每年施肥3次:第一次于2月上旬施发芽肥,株施尿素100~150克,硫酸钾50克,猪粪承10千克;第二次于5月上旬施采后肥,株施尿素150克,猪粪水20千克;第三次于9月中下旬施基肥,株施人畜粪水20千克,过磷酸钙500克。

(2)丰产园肥水管理。密植园第三年进入丰产期,应适当控制氮肥用量,增施磷钾肥。每年施肥3次:第一次于1月下旬施发芽肥,将钾肥一次性施入,以利于果实吸收和膨大,同时配施氮肥,可每亩施猪粪水3600千克、尿素40千克、硫酸钾30千克;第二次于5月上旬施采后肥,以恢复树势及为花芽分化提供养分,以氮为主,可施猪粪水4400kg,尿素30kg;第三次于9月下旬施基肥,以有机肥和磷肥为主,为次年生长积累养分,可施猪鸡粪水5000kg,过磷酸钙80kg。

(3)樱桃的土壤与水分管理。土壤管理以春季灌水加掩盖,其他时节停止中耕除草的管理办法较好。由于掩盖加重了春旱对植株的影响,对果实生长有良好作用。在樱桃采果后,撤除或翻埋掩盖物。据计算,普通成年园每亩应掩盖2000~2500 kg麦秆为宜。樱桃树一年应施肥3~4次。即:

a、采果后施肥,主要是为恢复树势,促进花芽分化,增进来年产量。在采果后立刻施入厩肥、禽畜粪尿,并参加过量化肥。每株视后果多少施禽畜粪30~60 kg。

b、萌芽开花前施肥。追施速效性氮肥为主的肥料,每株施禽畜粪水15~20 kg,或尿素0.5 kg。

c、果实发育时施肥。在谢花后,进入果实发育。对后果大树应追施速效性化肥一次,并配适宜量的磷钾肥料。

d、施好基肥。春季或9~10月(北方暖和地域可在10~11月)落叶前施好基肥,以复壮树势,添加植株体内贮藏营养含量。由于樱桃从开花到果实成熟仅需40余天,贮藏营养的多寡在较大水平上影响着果实的大小和质量。因而基肥的施用十分重要,需占全年施肥量的50~70%,应以有机肥为主,如堆肥、圈肥、鸡粪、腐熟豆饼等,并应适量加入过磷酸钙或钙美磷肥等。

除上述土壤施肥外,在初花期至盛花期相隔10天一次,延续喷两次0.5%尿素,或600倍磷酸二氢钾液,或0.3%硼砂液,有助于提高坐果率。

此外,灌浇水也非常重要。在春季掩盖期间注意灌浇水,在连续5天干旱时应适当灌水,保持土壤湿润,以减少裂果。5~8月注意开沟排水,降低土壤湿度,以促进花芽分化和控制树冠。

招式 42　整形修剪

(1)整形。因其为喜光树种,密植园以小冠疏层形整形为宜,2~3年成形。其整形方法为:定植当年留40~60厘米定干,选一生长强旺的直立枝为中心干,另选4个枝为第一层主枝,选2~4个枝为辅养枝。在主枝30厘米时摘心促分枝,并选留延长枝。7月初调整主枝角度,使之与主干成70°~80°夹角。辅养枝则在15~20厘米摘心促分枝,在5月初调整角度,使之水平生长,让其形成花束状短果枝。7~8月结合化学促控及控水措施,促进花芽分化。第二年春剪时,对中心干留60厘米短截,培养第二层侧枝,按同样方法培育3个主枝,2个辅养枝。第三年按同方法培养第三层主枝,留2个主枝。3年成形,树高控制在2~2.5米之间。

　　a. 自然丛状形,是樱桃的常用树形。普通主枝5~6个,向周围倒闭延伸生长,每个主枝上有3~4个侧枝。后果枝着生在主、侧枝上。主枝衰老后,应用萌蘖更新。此树形的角度较倒闭,成形快,后果早。但树冠外部易郁闭。

　　b. 自然开心形。干高30~40厘米,全树有3个主枝,分枝角度30°。最后保存中心干,待栽植4~5年后,除去中心干为开心形。这种树形,修剪量小,树冠倒闭,通风透光良好,后果早,产量高,果本质量也较好。

　　c. 主干疏层性。干高40~60厘米,有中心干。主枝数6~7个,分3~4层参差着生在中心干上。第一层3个主枝,倒闭角度50°~60°;第二层2个主枝,倒闭角度45°左右,第三、四层各有1个主枝。一、二层间距60~80厘米,二、三层间距40~50厘米,下层间距可适当小一些。每个主枝上装备侧枝2~4个。同时,在各级主干枝上培育后果枝组。

　　d. "Y字"形树形。此树形行向南北、每株两个主枝对称在两边,整形时期需设支撑架固定绑缚。此树形通风透光好,开花后果容易,适合密植,管理方便,果本质量好。

(2)修剪。在幼树期间,以夏季修剪为主。可采用夏季对旺枝摘心拉枝,使之促发分枝形成中短枝。冬剪时以长放为主,多促发花束状结果枝。丰产树则以冬剪为主,采用疏剪和回缩,以改善树体光照和通风条件,做到外稀内不稀,立体结果。对衰弱枝短剪更新,对衰老大枝进行回缩。同时回缩伸向行间的枝,使行间保持80厘米左右的通风透光带。对内部徒长枝根据情况适当保留,夏季进行扭枝和摘,培养成更新枝。另外,樱挑的芽单生,在短截修剪时一定选留叶芽为剪口芽。

a. 修剪应留意事宜。樱桃的枝分为发育枝和后果枝两类,幼树上发育枝较多,其前端叶芽延伸生长,扩展树冠,下部腋芽抽生后果枝。进入后果期后,大局部一年生枝顶芽为叶芽外,腋芽多为花芽,称为后果枝。后果枝依长度分为长果枝(约15~20厘米)、中果枝(约5~15厘米)、短果枝(5厘米左右)、花簇状果枝(1~2厘米)。从后果才能看,长果枝座果力较差,普通在40%左右;中果枝坐果才能因种类而不同;短果枝坐果率高,果实质量亦佳;花簇状果枝是盛果期旺树上的次要后果枝,座果率能达80%左右。果实质量最佳,而且寿命长,可延续后果10~20年。后果枝和花簇状果枝是产量构成的根底。

b. 幼树的修剪。为了促使幼树早后果,在整形的根底上,对各类枝条的修剪水平要轻,以控制枝梢旺长,添加分枝,加速扩展树冠。夏季修剪应推延到萌芽前,以防止剪口失水枯槁。除对主枝、延伸枝短截和适当间疏一些过密、穿插枝外,其他中、小枝要尽量保存。

c. 后果树的修剪,常在采果后停止冬季修剪。采用疏剪去除过密过强、扰乱树冠的多年生大枝,停止树冠构造调整,促进花芽构成。在疏除大枝时,留意伤口要小,要平,以利尽快愈和。疏除一年生枝时,可先在其基部腋花芽以上剪截,待后果光秃后,再疏除。夏季修剪时,应留意对主干枝先端和短果枝的2~3年生枝段停止适当回缩。

d. 衰老树的修剪,是为了及时更新复壮、应用生长势强的徒长枝来构成新的树冠。对主干枝先健康而无后果才能的,要及时回缩。

招式43 花果管理

(1)控冠促花

控冠促花是密植园成功的关键,可采用化学和农业技术,在5~8月进行,常用方法有:5月上旬喷布300倍15%多效唑,并控制肥水,开沟排水,使果园保持适当干旱;6~8月开张直立枝角度和摘心等。

(2)保花保果和疏果

保花主要应留意春季的肥水管理,以促进花器官建造完全,开花正常。保果的目的是进一步强健果实的坐果率。措施有:人工辅佐授粉;应用昆虫访花授粉;喷施动物激素,如赤霉素(GA3)、PP333 绿芬威叶面肥等;为了促强健果,需求疏花疏果和羽凡、加重裂果。

保花保果方法有:适当配植授粉品种,花期放蜂和喷施 0.1% 硼砂 + 0.2% 尿素 + 0.1% 磷酸二氢钾混合液 1~2 次。疏果可在 3 月下旬第一次生理落果后进行,主要疏除虫果、病果和畸形果等。

(3)预防裂果和采前落果

裂果和采前落果是南方地区樱桃产量低的主要原因。黑珍珠樱桃在雨水不均匀的年份,仍有轻微裂果和采前落果,可采用旱时灌水,树盘和行间覆草,果实膨大期喷施磷钾,早春增施钾肥等措施加以预防。

招式 44 病虫防治

危害樱桃树枝、叶、果实的病害主要樱桃根癌病、叶片穿孔病、枝干干腐病、流胶病等;虫害主要是红颈天牛、金缘吉丁虫、桑白蚧壳虫、金龟子类等。主要采取以下措施防治。种植前用根癌灵(K84)溶液蘸根后即栽,或石灰水 1:6 浸泡 10~15 分钟后,用清水将根部石灰冲洗干净种下。对已发病植株,在春季扒开根部、切除根癌后用 K84 灌根,或菌毒清质量分数为 2%~3.3% 溶液灌根,以防治根癌病。生长季喷布 50% 扑海因可湿性粉剂质量分数 0.067% 溶液,或百菌清 0.128%~0.2% 溶液,菌毒清 0.2%~0.33% 溶液以防治穿孔病。春季发芽前,喷布波美 5 度石硫合剂以防止枝干干腐病,对于已发病的,及时刮除病斑,而后涂抹腐必清或 843 康复剂。对于流胶病的防治,可在早春 3 月上旬树干涂刷菌毒清 10%~20% 溶液,生长季如发现有流胶病状,随时涂刷果辅康或菌毒清药液,秋季对树干涂白。另外,修剪时应尽量减少伤口。

7~8 月份在树干上寻找有虫粪的蛀孔,用铁丝钩深入蛀道掏出幼虫杀死,用 80% 敌敌乳剂 0.125% 的溶液向虫道内注射,每孔用量 2 毫升,注射后用湿泥封住孔口,或用药液浸泡棉球堵塞冲孔,毒杀红颈天牛幼虫。刮除树皮,清灭金缘吉丁虫卵及幼虫,或用 80% 敌敌畏乳油 5% 的溶液加煤油制成敌敌畏油乳剂刷被害处,毒杀幼虫。树体发芽前喷布波美 5 度石硫合剂,或 5 月中旬用 20% 杀灭菊酯乳油 0.033% 或 20% 速蚧克 0.05%~0.133% 溶液喷施,杀灭桑白蚧壳虫。对于金龟子害虫,在生长季人工捕捉成虫,在成虫发生

99招让你成为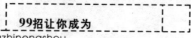
zhongzhinengshou

期和卵孵化期,地面喷布50%辛磷0.01%溶液,或20%杀灭菊酯脂0.033溶液喷布,也可利用糖醋液或黑光灯诱杀成虫。

温馨提示

1. 冬季休眠期病虫害如何防治?

利用人工和农业的方法,清洁果园,消灭越冬病虫源,有效地消灭有害生物,压低越冬基数。

(1)清扫落叶:落叶是许多病虫的主要越冬部位之一,如樱桃褐斑病、黑色轮纹病等病菌都在被害叶片上越冬,卷叶蛾等害虫以蛹或成虫潜伏于被害叶越冬。因此,在樱桃落叶结束后,彻底清扫落叶,掩埋或直接沤肥,消灭在落叶上越冬的病虫,可大大减少翌年的病虫基数。

(2)结合修剪,剪除病虫枝:冬季修剪是樱桃树管理的一项重要技术措施,也是休眠期消灭越冬病虫的有效方法。合理修剪,可调节树体负荷,改善果园通风透光条件,促进果树健壮生长,提高其抗病虫的能力。同时结合修剪,把在枝条上越冬的病虫,如卷叶蛾、桃蚜、瘤蚜、红蜘蛛等连枝剪除,将修剪掉的病虫枝集中烧毁处理,消灭其上的越冬病虫。

(3)深刨树盘:树冠下的土壤中潜伏着许多越冬的病虫,在土壤上冻前,深刨树盘,可直接杀伤一部分在土壤中越冬的食心虫、梨花网蝽、梨星毛虫、舟形毛虫、山楂红蜘蛛(冬型雌成螨在根茎周围土缝隙、落叶下、杂草间越冬)等。同时,通过翻动土壤,可将一部分害虫暴露土表,这部分害虫不是被鸟啄食就是在寒冷的冬季被冻死。

(4)刮除翘皮、粗皮、病瘤:树干上的翘皮、粗皮是病虫的主要越冬场所,如山楂红蜘蛛(冬型雌成螨)、卷叶蛾、梨小食心虫、梨星毛虫等都在翘皮、粗皮下越冬,刮除翘皮、粗皮可消灭上述的大部分害虫。刮除根癌病病瘤、流胶病胶块,根癌病用1%硫酸铜、80%402抗菌剂乳油50倍液或刮除病斑后用40%福美砷可湿性粉剂30倍液涂抹伤口,流胶病用50%退菌特50g+50%硫悬浮剂250g混合涂药。对减少来年的侵染来源有很好的作用。

(5)保护伤口,封闭锯剪口。冬季修剪留在树上的伤口,是病菌的侵入途径,同时也是一些害虫的越冬场所。可采用清漆或桐油加入适量的猪油调和,涂抹保护伤口,阻止病菌的侵入。

第六章
7招教你种猕猴桃
qizhaojiaonizhongmihoutao

招式45：猕猴桃园地及架式的选择
招式46：如何选择猕猴桃的品种
招式47：繁殖
招式48：如何给猕猴桃施肥
招式49：整形修剪及疏果
招式50：病虫害防治
招式51：适期采收

简单基础知识介绍

猕猴桃原产我国,被誉为"水果之王"。它的果实细嫩多汁、酸甜适口、清香宜人。猕猴桃100克鲜果肉维生素C含量高达100~480毫克,比柑橘和苹果等高许多,同时还含有大量的糖、蛋白质、氨基酸等各种有机物和人体必需的多种矿物质,营养全面。在药用价值方面,据现代医学临床试验,其鲜果及果汁对麻风病、消化道癌症、高血压及心血管病等疾病都具有一定的预防作用和辅助疗效。猕猴桃能加工成果汁、泉酒、果晶、果脯、果酱等诸多产品,加工增值潜力巨大。生态和植被良好、海拔50米以上的亚热带和温带地区的丘陵、低山缓坡地,最适合猕猴桃商品化栽培。

猕猴桃的主要种类和品种

猕猴桃属的植物种类很多,其中果实最大、经济价值最高的是中华猕猴桃和美味猕猴桃两个种。中华猕猴桃果实上的茸毛短而柔,果实成熟时几乎完全脱落,故果皮较光滑(有时也略粗糙);美味猕猴桃果实上的毛较长较粗硬,脱落晚,果熟时硬毛犹存,故果皮较粗糙,一般耐贮性较好。

猕猴桃原本野生于山林中,我国栽培化较晚。近年已陆续从野生猕猴桃及引入品种中选出一批优良的株系和品种。其中综合性状好且耐贮性好或较好的优良品种(株系)有庐山香、魁蜜、金丰(江西79-3)、武植3号,河南高维,湖北通山5号,怡香、皖蜜、秋魁等,它们在很多性能方面已超过新西兰的良种海沃德。此外,金魁、徐香也是综合性状较好的品种(株系)。琼露则是优良的加工制汁品种。从新西兰引入的品种中首推海沃德(属美味猕猴桃),它以味美、耐贮著称,唯产量较低。近年,我国又自行选育出和引进几个优良的雄性授粉品种。

优良品种(株系)的标准除果实外观和内在品质优良外,要求果实采后有一定的耐贮性,能在常温下贮藏10~15天以上(即货架寿命)而果实不变软。各地引种时还要注意品种的适应性。

生长结果习性

猕猴桃是一种落叶藤本果树,长枝先端具有逆时针缠绕性,能攀附于其他植物或支架上生长。新梢年生长量很大,有时可达3米以上,故能很快布满架面,生长后期顶端自枯。根系带肉质性,主根不发达,侧根分布较浅而广,须根特别发达,不耐旱涝。

一般栽植后 3~5 年开始结果。幼树达结果年龄后,一年生枝上极易形成花芽,除徒长性枝蔓外,其余枝条都可成为结果母枝,于第二年抽梢开花结果。长而壮的结果母枝从基部第 2~3 节开始,直到 20 节以上的叶腋间都可形成混合芽,以中部混合芽抽生的结果新梢结果最好,15 节以后结果新梢的发生率便降低。

猕猴桃为雌雄异株植物,偶有雌雄异花同株的。形态上虽均为两性花,但雄株上的花小,子房退化而花粉多,雌株上的花大而雄蕊退化。雌花多单生于结果新梢的叶腋间,以第 2~6 叶腋间居多。雌花授粉受精后一般都能着果,极少生理落果。每个结果新梢上可结 2~5 个果实。中、长果枝结果后常能成为第二年的结果母枝而连续结果。无论长、中、短结果枝,其上的结果部位结果后,因叶腋中无芽而成为盲(芽)节。

行家出招

招式 45　猕猴桃园地及架式的选择

目前生产上栽培的大多数品种主要起源于我国的中部、西南部地区和中部、东南部地区。在后来的栽培扩散过程中,发现从北京到海南,从云、贵、川到台湾,都可以栽培。

猕猴桃喜温暖、湿润、喜光、喜肥,怕旱涝,怕强风,怕霜冻,因此,栽培对自然条件的要求为:年平均温度 11.3℃~16.9℃;极端最高温度不超过 42.6℃,极端最低温不低于 -15.8℃;初冬无急剧寒流,使气温突然下降到 -12℃以下;≥10℃有效积温在 4500~5200℃之间;生长期日均温不低于 10~12℃,无大风;晚霜期绝对气温不低于 -1℃;无霜期 160~240 天;年日照时数 1300~2600 小时;自然光照强度 42%~45%;年降雨量 1000 毫米左右;相对湿度 70% 以上;土层深厚,疏松肥沃,富含有机质,pH5.5~6.8,排水良好的山地森林土、红、黄、棕、黑沙壤或壤土。完全满足这些条件的地方不多,干旱的北方如有灌溉条件,湿润的南方有排灌措施,有大风的地区设有防护林,则也可以栽培。

除了考虑以上自然条件外,还要考虑当地的社会、经济、交通、小气候和立地条件。一般来说，社会治安良好，投资足，交通便利，土地平坦，土壤肥沃，排灌方便，光照充足，气候温和。非风口、电打线等的地块，均为理想园地选址。场地确定后，先规划道路、排灌系统以及肥料管理房等，然后规划种植地通气暗沟。如缓坡地可开定植穴深1.5m以上，下垫粗石厚0.5米，然后填肥土。如在山地，可开梯田，前建石墙一道，以利通气，梯面宽3米以上。开定植穴时，上下层土分开堆在两旁，每穴用厩肥30千克（或垃圾50千克），磷、钾肥各1千克，与表土混和后填入穴并踩实，然后用下层土做墩，墩宽1米、高0.3米。选择茎粗1.5厘米以上、芽眼饱满、根系发达的壮苗定植。栽时，将根理顺向四方伸展，用细泥分层踩实。栽后浇淡人粪尿1~2勺，并盖草保湿。配置5%~6%的雄株作授粉树。

猕猴桃种植主要采用的搭架方式有：T形架、篱架、三角架、大棚架等。多采用平顶大棚架，可就地利用原有的小径树作活桩，再加一些可替换的竹木桩，关键部位使用混凝土桩。就地架高1.8米，用10~12号铁丝纵横交叉呈"井"字形网络，铁丝间距60厘米左右。

招式46　如何选择猕猴桃的品种

在种植猕猴桃时，要选择多样化品种。如早、中、晚熟，鲜食、加工相搭配。早熟选翠鲜、早鲜（8月内成熟），中熟选魁蜜、武植3号（9月内成熟），晚熟选米良1号、金丰（10月内成熟）。新西兰品种海沃德果形美、品质好、耐贮，可适当搭配。要注意选择鲜食、加工、耐贮的芽变良种。

招式47　繁殖

生产上多采用嫁接或扦插法繁殖苗木，以保持母本优良种性，并控制好苗木的雌雄株比例。砧木则多用种子育苗。

猕猴桃种子细小，育苗时必须细致小心。选充分成熟的果实，待充分变软后取出种子，洗净阴干贮放。播种前40~50天将种子先放在温水中浸泡2~3小时，然后置小容器中低温沙藏。容器可放在背阴冷凉处，上盖稻草，隔20天左右将种子上下翻动一次，使湿度均匀，透气良好。当有30%~50%种子开始萌动露白时即可作畦播种,长江中下游地区约在3月上、中旬。播种前将种子放在~100PPm~赤霉素溶液中浸泡6小时,然后播种,可提高种子出苗率。

猕猴桃幼苗顶土力差,故床土要细,畦面要平。播种前,畦内先灌足水,待水下渗后再播种。一般可按15厘米行距、20厘米播幅进行宽幅条播。每平方米床面掌握1克左右的播种量,混同沙藏的湿沙一起播下。播后盖细土2~3毫米,用稻草或塑料薄膜覆盖保墒。如土壤缺水,需用喷壶及时喷水。通常7天左右种子可以伸出胚根,15天左右即可出苗。这时要及时除去覆盖物,保证顺利出苗。幼苗不耐强光曝晒,出土后需搭设前棚适当遮阳。

幼苗长至2~3片真叶时间苗一次,并逐步除去遮荫物。至4~5片真叶时按10~15厘米的间距定苗。间出的小苗可供移栽补缺。当实生苗基部直径达0.6~1厘米时,即可供嫁接用。嫁接方法在6~8月间可用嵌芽接,春季可用切接法,注意避开伤流期。

扦插法也常用来繁殖猕猴桃苗木。在生长期间,进行带叶绿枝扦插比春季硬枝扦插更易生根。但插床上须搭荫棚,做好保湿降温工作。在进行嫁接及扦插时,都要注意将雌雄株分接、分育,不要混杂。

招式48　如何给猕猴桃施肥

根据猕猴桃品种、计划达到的产量和土壤肥力状况决定施肥量。种植前坑槽内每株可一次施入果木肥2.5千克,幼期树采用少量多次施肥法。其后一般每年施肥3次,基肥1次,追肥2次。基肥也即冬肥,在果实采收后施入,每株施有机肥20千克,并混合施入1.5千克磷肥。第1次追肥在萌芽后施入,每株施氮磷钾复合肥2千克,以充实春梢和结果树;第2次在生长旺期前施入,可施入果木肥或复合肥。因猕猴桃的根是肉质根,要在离根稍远处挖浅沟施入化肥并封土,以免引起烧根。旱季施肥后一定要进行灌水。

招式49　整形修剪及疏果

整形修剪依架式而异。篱架式栽培时,可采用双臂式水平整形。定植时选留一个生长势强的枝蔓作主干,在第一道铁丝下方10厘米~15厘米处短截。第二年冬剪时由剪口芽抽生的枝条继续保持直立延伸,在第二道铁丝下方剪截,其下选留两个枝条分向左右作为第一层主蔓。以后各年都按整形要求分生第二、三层主蔓,向两侧引缚。各层主蔓上每隔30厘米~40厘米选留结果母枝。新梢生长旺盛时也可早期摘心,促发分枝,使形成各层主蔓及结果母枝。

修剪根据枝条的结果习性,对能成为结果母枝的健壮枝条一般剪留10~15节。枝条数量较多时则对部分枝条留3~4芽短截,作为预备枝。幼树适当多留结果母枝可达早期丰产。

已经结过果的长、中果枝常能连续结果,冬剪时依枝条强弱在最后结果部位以上留2~4芽短截。短果枝结果后一般不加短截,以免干枯,生长衰弱的需疏除。对连续结果2~3年后的枝条应缩剪到健壮部位。对徒长枝可根据其抽生的部位或疏剪,或留5~6芽短截,作为更新枝。所有细弱枝和密生枝在冬剪时都应疏除。

生长期间,要进行新梢管理和疏花疏果。在枝梢尚未木质化和卷绕前应经常摘心并加绑缚,摘心根据架面空间一般留长15~20节。如抽生二次梢或三次梢,则留2~4叶反复摘心。旺势枝从基部疏除,或在1米左右处环缢,以抑制生长和促使下部芽子饱满。全树新梢旺长时,可在新梢迅速生长前喷布比久、乙烯利或多效唑等生长延缓剂,对长果枝和徒长性果枝在最上部果实前留7~8叶摘心,或将先端弯曲固定以抑制顶端优势。结果母枝上抽生芽梢过于密集时需适当疏除,大约每隔30厘米选留1个结果新梢。

猕猴桃属虫媒花。花期遇有低温、连阴雨天气影响昆虫活动时,应进行人工辅助授粉。天气正常着果过多时,则应及早疏花疏果。同一枝条上疏去基部的花蕾和幼果,留中上部果。中、长果枝一般每枝留2~5果,短果枝上每枝留1果或不留果。

基肥施用可参照葡萄进行。追肥应在萌芽前15~20天和着果后果实生长前期施用,以促进花芽分化、花器发育、新梢生长和果实的迅速膨大。

招式 50　病虫害防治

危害猕猴桃的主要病害有炭疽病、根结线虫病、立枯病、猝倒病、根腐病、果实软腐病等。其中炭疽病既危害茎叶，又危害果实，可在萌芽时喷洒 2～3 次 800 倍多菌灵进行防治。根结线虫病，应加强肥水管理，用甲基异柳磷或 30% 呋喃丹毒土防治。

猕猴桃主要虫害有桑白盾蚧、槟柑盾蚧、地老虎、金龟子、叶蝉、吸果夜蛾等。蚧壳虫类越冬虫用氧化乐果或速扑杀 1500～2000 倍液防治；地下害虫用炒麸皮与呋喃丹按 10:1 的比例拌匀地面撒施。对于金龟子，3 月下旬至 4 月上旬在傍晚用敌百虫或马拉硫磷 1000 倍液喷杀，或用菊酯类杀虫剂。吸果夜蛾发生在果实糖分开始增加的 9 月份，夜间出来危害果实，引起落果或危害部分形成硬块，可用套袋、黑光灯或糖醋液（1:1）诱杀防治，或采用灭扫利或宝得 3000 倍每隔 10–15 天喷 1 次，从 8 月下旬开始，直至采收结束为止。

采果后清扫果园，剪除病虫枝、枯枝、并集中烧毁，减少病虫侵染源。

招式 51　适期采收

猕猴桃的贮藏寿命和品质受其收获时的成熟度影响很大。猕猴桃果实采收过早或过迟都会影响果实的品质和风味，且必须通过品质形成期才能充分成熟。

依照果实发育期，当果实可溶性固形物含量 6%～7% 时为采收适期，而需要长期贮藏的果实则要求达 7%～10%。早采，风味不佳。采收宜在无风的晴天进行，雨天、雨后以及露水未干的早晨都不宜采收。采摘时间以上午 10 点前气温未升高时为佳。采收时，要轻采、轻放，小心装运，避免碰伤、堆压，最好随采随分级进行包装入库。用来盛桃的箱、篓等容器底部应用柔软衬料作衬垫，轻采轻放，不可拉伤果蒂、擦破果皮。初采后的果实坚硬，味涩，必须经过 7～10 天后熟软化方可食用。后熟的果实不宜存放，要及时出售。

> **温馨提示**

上年冬季要做好接穗的沙藏,若选定在4月上旬进行嫁接,在猕猴桃树芽萌动时应及时将接穗放入冷库保存,温度控制在0~5℃之间,避免接穗芽体萌发,影响嫁接成活率。

春季嫁接用的接穗,可结合冬季修剪采集。接穗应按品种、株系、雌株或雄株的不同,分别打成小捆,加上标签,贮存在湿润的沙中或埋于地窖内备用。要特别注意保湿、保鲜和防霉烂。

夏季嫁接用接穗,最好随采随用。采下的接穗,要立即剪去叶片,留下0.5~1.0厘米长的叶柄,使其保持湿润不失水,并捆成小捆,加上标签备用。如果一次采集接穗过多,当天用不完,可把接穗放进阴凉的地窖内或湿润沙中,暂时保存。

异地采穗,需要贮运,则应用潮湿的地衣或锯末填充空隙,并包装于保湿的容器或塑料袋中。在运输工具上面,要将其置于阴凉通风处,以防升温变质。

第七章
3招教你种番茄
sanzhaojiaonizhongfanqie

招式52:定植准备工作及栽培管理
招式53:植保
招式54:番茄各生长期内病害诊断

简单基础知识介绍

番茄为茄科番茄属的草本植物。番茄起源中心是南美洲的安第斯山地带。18世纪中叶始作食用栽培。我国的番茄从欧洲或东南亚传入。到20世纪初,城市郊区始有栽培食用。50年代初迅速发展,成为主要果菜之一。

西红柿属喜温类蔬菜,无限生长型,生育期可长达6~10个月(设施良好的大型温室可达到12个月以上),植株高大。一般可以定植后70~80天左右采收,果皮较厚,有极其优良的储运性能。且叶甜醇美,色泽鲜亮(亮红色)。

樱桃西红柿8~10吨/亩,10~15克=单果(因季节和栽培管理水平不同而有差异)。大西红柿在温室内可达10~15吨/亩,150克/单果以上,在以色列的最高产量记录为30吨/亩。

招式52　定植准备工作及栽培管理

1. 整地:要求精细,需深翻土地约40厘米,否则易形成犁底层,妨碍水分下渗和盐分扩散,常使土壤过干或过湿,盐分积累,影响根系深扎和发育。因此必须创造良好的根际环境,以最大限度地促进根系发育,使植株体有优良的养分供应源,这些是获得高产优质的先决条件。

2. 施肥作畦:底肥要用腐熟的有机肥5000~8000千克,量宜大,有机肥铺施然后复耕,另外作好畦后,在畦中央开沟施入磷酸二铵:30~50千克/亩,沟深应为10厘米。

3. 温室:

1)双行定植(大小行):畦面宽80~100厘米,两畦之间宽50厘米左右,畦高度15厘米,株距35~40厘米,每亩1800株,以不超过2000株为宜。

2)单行定植:畦面宽50厘米,两畦之间宽50厘米左右,畦高度15厘米,株距35厘米,每亩1800~2000株。

塑料大棚内采取宽畦双行定植,畦宽90~100厘米,株距为35~40厘米,

2200株/亩。

4. 定植

1）定植时要求土壤湿润，如果土壤太干应在定植前3~5天左右灌水（冬季和早春定植时灌水应早，以保证足够的地温）。

2）挖穴：穴深与苗长度相同或略深。

3）覆土：一般与苗平齐即可，不宜深，或者略将苗覆一层土，如果铺膜定植则需将膜孔用土封严。

4）灌水：定植完毕及时浇定植水，水量不宜太大，一般为10~20立方/亩左右。

5. 定植后管理

1）温度

a. 缓苗前：温度要高，特别是地温应高，在缓苗前一般温度不超过30℃，不需放风，以28℃左右为宜。

b. 缓苗后：温度较缓前略低3℃左右。日：24~26℃，夜：15℃左右，冬春茬在接草帘前13℃左右。这期间主要是为了促进幼苗根系更好地发展（地温略高些）。

c. 结果期：温度较缓苗后略高。日：25℃，26℃以上开始施风，20℃关闭风口。夜：13~15℃。后半夜至次日晨最低，可控制在10~13℃。地温不低于15℃。

2）肥水管理

以张力计作指导并根据土壤长势季节确定，定植一周内10厘米深张力计达到20即浇水，其后以一组张力计平均数达30时浇水，一般在采果前每次每亩滴水6立方米，采果后加倍。

另在肥水管理中注意防止如下生理性障害的发生：

① 筋腐

避免偏施N肥；清洁棚膜，增加光照；多施有机肥，改善土壤结构，并在果期增施K肥；不得大水漫灌。

② 脐腐

增施腐熟有机肥；防止土壤太平（尤其夏季）；避免忽干忽湿；避免K肥施用过量。

③ 落花落果

及时授粉，掌握适宜时间；保证正常生长的温、湿度；避免偏施N肥，导致营养生长过旺。

④ 裂果

均衡供水,不得忽干忽湿,合理开放风口;适时采收,深耕土地,多施基肥。

3) 中耕松土,菜田不宜有杂草

① 缓苗后一次,宜深。近根处5~7厘米,远根处10厘米左右。

② 苗期2~3次,间隔7~10天,原则中较缓苗的松土略浅,而且近根处宜浅,远根略深。

4) 植株调整

① 及时吊线或插架(架宜高大,因为植株较高大),防止倒秧。

② 及时去除侧枝:不超过10厘米(完全是单杆整枝)。防止养分的不必要消耗。

③ 及时绑架或绕秧,使其生长有序,不造成相互遮挡。

④ 及时剪除老化、黄化叶片,以使通风透光良好。

⑤ 根据实际情况掐尖(如市场、季节、棚室高度、管理情况等),如果大型棚室可落秧栽培,使其无限生长。

⑥ 疏花疏果:主要在早春或初秋定植的樱桃西红柿上进行,目的是使产品的商品性更高,因为开花结果太多会影响果实大小(具体疏多疏少要根据秧苗长势而定,弱者多流,强者少疏,以疏花为好)。

5) 授粉

西红柿属自花授粉植物,受环境条件影响较大。因此需进行人工授粉。方法是每天在棚内湿度较小的情况下振动花序即可,忌蘸花(但若夜温低于10℃,则需考虑采取用防落素或2,4~D进行处理)。

招式53 植保

除了前面提到的一些生理性病害外,在西红柿上还容易发生一些其他病害如:晚疫病、灰霉病、叶霉病、病毒病等,还有一些虫害有:白粉虱、潜叶蝇、棉铃虫等。下面对几个重点病虫害进行说明。

a. 晚疫病:是一种流行性极强的病害,一旦防治失时或不力,很可能造成绝产绝收。冬春季节保护地里湿度大、温度适宜,极易大面积流行。因此,一定要做好田间预测和调查，提前进行预防，一旦发现，应立即喷药防治，同时结合放风排湿。常用药剂有克露、瑞毒霉锰锌、普力克、杀毒矾、安克锰锌等，只要防治及时，用药得当，还是容易控制的。

b. 灰霉病：冬春季节易发生，病症主要表现为花、幼果上先得病，湿度大时可造成流行。防治上应加强通风量，降低湿度。化学防治上一般采用甲霉灵1000倍、扑海因1000倍、速克灵800倍等进行喷雾。

c. 叶霉病：此病主要危害叶片，在叶背形成淡绿色病斑，后在病斑上长出灰色霉层，渐变成灰紫色至灰褐色为本病特征。常用防治手段是通风排湿，并结合化学药剂如大生、加瑞农、甲基托布津、百菌清处理。

d. 白粉虱：能传授霉污病，严重时污染叶片、果实，影响光合作用，影响果实商品价格，在保护地里终年能发生，目前无有效措施能一次性防除。主要防治方法有冬天密闭棚室用DDVP烟剂或其他杀虫烟剂熏蒸；另外结合药剂喷雾，如：一遍净(虫)、康福多、扑虱灵等。

e. 棉铃虫：以幼虫蛀食青果和茎秆，造成落花落果，严重影响产量，防治上一定要掌握最佳防治时期，在1~2龄幼虫时期喷药药效最好。常用药剂有：保得、敌杀死、甲氰菊及其他菊酯类农药。

招式54　番茄各生长期内病害诊断

（一）番茄各生长时期形态诊断：

1. 番茄定植时期

1）正常株型：长方形，叶片为手掌形，小叶片大，叶柄短粗，叶肉厚，叶脉稍隆起，叶端类，有光泽，节间正常，并且在第五节之每节都比下一节长一点。八片或九片真叶开第一穗花，一般来说，穴盘或营养杯育苗在正常情况下四叶一心到六叶可定植。

2）徒长型：植株呈到三角形，叶柄粗并且小叶片小，茎从基部向上逐变粗，节间长，叶色浅，叶柄弯曲。

3）抑制型：株型正方形，叶色浓绿，节间短，茎老化，圳片僵硬，无光泽，生长点皱缩，深绿。

2. 成株时期

1）正常株型：开花位置一般具顶端20厘米左右，每穗之间有3片叶，两穗果之间25厘米左右,两片叶之间5厘米左右,叶片大,茎粗壮,每穗花开花时间较整齐,每穗7~9朵花,花大而鲜艳,很少出现畸形花,花硬粗,花梗节突出,着果能力极强,每穗可留4~6个果,大小中等,并且均能膨大。

2)徒长株型:叶片肥大,顶端叶片在土壤干燥时扭曲变形,茎特别粗大,呈扁圆形,中间易开裂,侧枝较多,易形成花前枝,叶色淡,不平正,中肋突出,呈舟状,开花位置具顶端30CM以上,两穗之间间隔较大超过35CM,开花结果也晚,开花不整齐,易脱落花,结果延迟,易形成僵果,空洞果和筋腐果。

3)抑制型:开花位置距顶端较近,茎细弱,老化,节间短,叶色浓绿,无光泽,开花早而且多,下部结果较多。

3.生理病害及防治

1)落花

原因:

① 内因:落花与花柄上离层处的生长激素有关系,从花朵的形成到坐果如果遇到不良的外界条件就会影响花的授粉和发育,产生的激素也减少了,在离层处易形成断带,从而落花,落果。如果给予补充外援激素(番茄灵,2,4-D)促进果实的形成,可起到落花落果的作用(花器发育不良引起落花;没有授粉授精引起落花)。

② 不良的外界环境

温度不适。当温度低于10℃或高于35℃都会影响花粉发育不良。

光照不足。密度过大,植株郁闭,光合作用减弱,供给花器营养不足,花粉的活力减弱,使花器脱落。

土壤空气过干或过湿。花粉变性畸形,抑制花粉萌发,授粉授精不良,引起落花。

植株营养失调,果实,花和植株之间营养竞争失调。如氮元素过多,营养生长旺盛,造成植株徒长,抑制了生殖生长,花器得不到充足养分落花,以及下部果过多,上部花不能得到充足的养分落花。

防治方法:

① 培育壮苗,适时定植,防治徒长和小老苗。

② 加强田间管理,注意温湿度管理,合理配方施肥浇水,保持营养生长和生殖生长,合理密度,适时整枝打杈,加强通风和增强光照,提高光合效率。

③ 使用外援激素如:番茄灵30~40ppm,2,4-D10~20ppm等涂抹花柄对保花保果有较好的效果。

2）生理性卷叶

原因：

1）土壤干旱，根系发育差，根受伤，根系吸水呼吸能力减弱；为防止徒长，促进生殖生长和减少病害发生，定植后前期蹲苗和冬季长时间控水等，使土壤和空气过分干燥造成叶片长时间蒸发量过大，而失水较多。为减少叶片蒸发量保护自身，中部，下部叶片卷曲。

2）大量施入氮肥，土壤中缺少镁、钙、硫、铁、锰等微量元素，会卷叶，往往叶片上还出现坏死斑、黑褐斑、黄斑、紫斑等症状。

3）打顶过早，过重下部叶片大量卷叶，因为根系吸收的磷酸是经过下部叶片向上部新生叶片输送的，如果打顶过早，过重磷酸就积累在下部叶片上，致使其老化卷曲。

防治：

1）定植后及时中耕松土，提高地温和土壤通气性，促进根系的发育；不要过分蹲苗，适时适时浇水，防止过干过湿。

2）增施有机肥，合理使用化肥，避免氮肥使用过量，增施和叶面喷施复合微肥。

3）对于以色列无限生长型的西红柿在温室中栽培应该采取落秧的方法，不建议换头整枝和双杈整枝，后期植株长势减弱时可打顶，促进果实早熟。

4）加强管理，温度不要过高，放风要逐步加大，不要突然开大。

5）卷叶严重时可适量灌水，叶面喷施多元复合微肥，如保力丰系列微肥。

3）番茄顶端停止生长

① 虽然西红柿（BR～14）在低温下生长势也较强，但如果夜温长时间低于8℃，白天长时间光照不足，也会引起植株对钙和硼的吸收不良，出现暂时顶端停止生长的现象。

② 如果土壤中缺少钾和钙，或者存在太多的钾和钙都会影响硼的吸收。

1. 种植环境选择得当，番茄非常容易生长。注意环境条件。

温度。番茄生长发育的最佳温度为24℃～26℃，在5℃以下的低温或40℃以上的高温条件下，番茄将停止生长。

光照。番茄是喜光作物，对光照反应敏感。光照充足，植株生长健壮，茎粗大,抗性强;光照不足,就会造成徒长,开花少,落花落果等。

水分。番茄是深根作物,既怕旱又怕涝,土壤排水要好,地下水位要低,水分必须均匀供给。

温馨提示

1. 培土是种番茄一项不可缺少的工作,一般需培土2~3次,并结合施肥除草进行。杂草可用培土覆盖,以减少拔草引起的伤根。

2. 搭架与绑蔓。番茄长至30~40厘米高时,应插立支架后,再进行绑蔓。

3. 整枝打顶疏花疏果。单干整枝只留一个主干,其他长出的侧枝全部除去;双干整枝则除保留主干外,再保留第1花序下第1叶腋抽出的侧枝,其他侧枝都去掉。

番茄由于结果多,若任其生长,则会出现果大小不均匀,次级品多,故应进行疏花疏果,一般情况下,每个枝条可留5~7个果。

4. 青枯病、晚疫病等是影响番茄生产的主要病害。对于病害应以防为主,各个生产环节应注意采取严格预防措施。如番茄绑枝,摘除侧芽等操作,极易造成病害传播。番茄田间操作应在天气晴朗,有阳光时进行,雨天应避免。

5. 施肥:番茄是陆续生长结果的蔬菜,除施足基肥外,还应有充分的追肥。一般在定植生势恢复后(定植后1星期内)开始追肥,隔8~10天,结果前每次追肥,尿素用量每亩不要超过5千克。

6. 水分管理。做到深沟高畦种植,四周开好环田沟。浇水时,应以逐株浇灌为好,少采用满田灌水。若要灌水,应在傍晚进行,并以跑马水为宜,畦沟中停留1~2小时后即排干,保持土壤湿润即可。由于灌水极易引起青枯病传播,故应少采用。

第八章
12招教你种金银花
shierzhaojiaonizhongjinyinhua

招式55：扦播繁殖
招式56：嫁接繁殖
招式57：压条繁殖
招式58：建园整地
招式59：栽植金银花
招式60：整形修剪
招式61：土壤管理
招式62：施肥管理
招式63：浇水与排涝
招式64：保花
招式65：病虫害防治
招式66：采收加工及贮藏

简单基础知识介绍

金银花又名银花、二花,全国大部分地方均有分布;品种较多,广东主产山银花。为忍冬科华南忍冬多年生常绿藤状灌木,以花蕾、初开的花或藤叶入药。药性能清热解毒,具广谱抗菌,抗病毒及抗真菌的作用。目前,药用金银花需求量大。金银花生长适应范围广,具抗旱耐劳、耐寒耐热的喜阳植物,各类土壤均可种植,但在肥沃的土壤上生长迅速,产量较高。植后3~5年株产干花可达1~1.5市斤左右,亩产400~450斤,金银花具有较高种植价值。

行家出招

招式55 扦插繁殖

1. 扦插时期:于春、夏、秋季均可进行。春季宜在新芽萌发前、秋季于8月初至10月初。但以高温多雨季节扦插成活率高。

2. 插条的选择与处理:宜选择1年生健壮、充实的枝条,每根至少具2~3个节位,剪截长度10~15厘米。然后,摘去下部叶片,留上部1~2片叶,每片去掉2/3,将插穗下端近节处削成平滑的斜面45°角,每50根扎成1小捆,用300ppmABT6溶液浸泡下端斜面2~3小时,稍晾干后立即进行扦插。

3. 扦插方法:扦插基质是泥炭土+珍珠岩(1∶3),用75%甲基托布津1000倍溶液消毒,用扦插盘盛装扦插基质,将插条1/2~2/3斜插入孔内,压实按紧,随即浇1次水,置于全光照间歇喷雾下。半个月左右便可生根和萌发新芽。

招式56 嫁接繁殖

1. 培育砧木

可采用灰毡毛忍冬、忍冬、红腺忍冬的种子播种培育成砧木。在霜降前后,当金银花浆果变黑色时,及时采集成熟的果实,置清水中揉搓,漂去果皮及杂质,捞出沉入底层的饱满种子,晾干贮藏备用。亦可随采随播。注意种子不能晒干。若翌年春播,于播前40天将种子取出,用40℃温水浸泡24小时,捞出以3倍的湿砂层积催芽,当有50%的种子裂口露白时,即可筛出种子进行条播。在畦面上按行距20厘米开横沟,深3~5厘米,播幅宽10厘米,将催芽籽均匀地撒入沟内,覆土压紧,盖草保温保湿,保持土壤湿润,每亩种子用量1~1.5千克。10天左右出苗,齐苗后揭去盖草,加强苗床常规管理。当苗高15厘米时,摘去顶芽,促进加粗生长。当年秋季或翌年早春便可用于嫁接。

2. 嫁接

(1)嫁接时间

嫁接时间分春季和秋季嫁接。具体嫁接时间因年份、地域不同有较大的差异。同一年份、同一地点则主要受平均气温、平均湿度制约,也受光照、砧木生长势、砧木和嫁接品种的生物节律(物候)的影响。各地确定具体嫁接时间,应主要参观当地的物候期。

(2)嫁接方法

据试验研究,金银花新品种适宜的嫁接方法主要有三刀法、腹接、切接和根接。

三刀法:是一种新的嫁接方法,在切接的基础上进行了改进,接穗削法为三刀,并适当增加砧、穗削面长度,嫁接成活率比普通切接提高10%~15%。

腹接:是秋季不截干的一种嫁接方法。苗木和大树均可采用。具体方法和步骤如下:

开砧:在砧木基部平直、光滑的一面往下轻削一刀,长3厘米左右,稍带木质。圃地嫁接,砧木削的部位应离地面6~8厘米,以利翌年春季补接。

接穗的削法:先将穗条剪成带2个饱满芽,长约6~8厘米的穗段,将穗段下部的芽削去。第一刀,在芽的下部平直的一面削一个长约3厘米的长削面,要求光滑、平直,深达木质部。第二刀,在长削面的背面削一马耳形的斜面,与长削面相交成45°角。第三刀,在马耳形斜面的上部,长削面的正背面削一短的削面,长约2.5厘米。同样要求光滑、平直,深达木质部,长、短二削面平行。

配合:将削好的接穗插入开好的砧木接口中,长削面向内,使砧穗形成层对准,如砧穗大小不一致,可对齐一边。

绑扎:先用宽1~1.5厘米的塑料带绑扎紧,再加上长方形的罩(单芽不加罩,用塑料带将接穗完全包裹),上下用塑料带扎紧。

切接:砧木树液尚未流动或砧木较小时适用此法。多用于春天嫁接。

剪砧:在砧木离地面约5~6cm平直光滑处剪断,削平剪口,在断面平直的侧自下而上轻轻地斜挑一刀,削成一小斜口。

开砧:在小斜口的木质部与皮部之间垂直向下切一刀,要求平直、光滑,长3~3.5cm,稍带木质部。

削接穗:与上述的腹接接穗削法基本相同。不同之处是,穗段可选用1—2个芽,但不必削去下部的一个芽。

配合:与上述的腹接基本相同。

绑扎:先用剪好的塑料膜带将砧、穗固定,紧包2~3圈,再包砧木侧面伤口的下部和断面,要求封密包紧。

根接法:先选择无病虫害、表皮无机械损伤的1~3年生,根径粗在0.3~2厘米的金银花根(最好是灰毡毛忍冬),将根剪成长10~15厘米的根段供嫁接用。如根太细(0.5厘米以下),则采用接根法嫁接,即将穗段下部劈开,同一穗段接两段根。根的粗度在0.5~2厘米则采用劈根根接法。绑扎均同常规方法。

嫁接完毕后,将根接苗按接穗、根砧大小分级,放入温室苗床(无温室,地窖也可),用湿润砂覆盖,促使早产生愈伤组织。注意经常检查,精细管理。如苗芽萌动,应立即栽植在苗床里。根接苗从温室到苗床各个操作环节中,都注意切勿触动嫁接口,以免影响成活。

招式57 压条繁殖

压条繁殖要在秋、冬季植株休眠期或早春萌芽前进行。选择3~4年生已经开花、生长健壮、产量高的金银花作为母株。将近地面的1年生枝条弯曲埋入土中,在枝条入土部分将其刻伤,压盖10~15厘米细肥土,再用枝杈固定压紧,使枝梢露出地面。若枝条较长,可连续弯曲压入土中。压后勤浇水施肥,第2年春季即可将已发根的压条苗截离母体,另行栽植。压条繁殖方法,不需大量砍藤,不会造成人为减产。倘若留在原地不挖去栽种,因有足够营养,也比其他藤条长得茂盛,开的花更多。比起传统的砍藤扦插繁殖,除能提早2~3年开花并保持稳产、增产外,更重要的是操作方便,不受季节和时间限制,成活率也高。

招式 58　建园整地

1. 选址建园

金银花对土壤及水分条件要求不严,能抗旱、耐涝、耐瘠薄,但是作为一种高效的药材植物,且以花丰产为经营目的,则必须集约化管理。研究表明,金银花喜阳不耐荫蔽,应选择向阳、土层较为深厚、土壤肥沃疏松、透气排水良好、坡度在15°以下的沙质壤土栽植。如灌溉方便、有水源,则更好。

2. 整地

选好地后,深翻土壤30厘米以上,打碎土块。以推广中心栽植密度为 2×2 米或 1.5×2 米,即每亩栽苗166株或220株。冬前挖定植沟,沟宽80厘米,深80厘米,或挖定植穴,穴大小 $80 \times 80 \times 80$ 厘米,表土、心土要分开,并筑成外高内低的鱼鳞坑,沟或穴底填稻草或玉米秸秆或青杂草,每亩施堆肥 $2000 \sim 3000$ 公斤,钙镁磷肥 $150 \sim 300$ 公斤,或者每穴菜枯饼 $0.2 \sim 0.3$ kg,复合肥 0.15 kg,农家肥 1.5 kg,并将表土回穴。基肥适当深施,且与土混匀,再覆土。坡地可实行梯土整地,带宽 1.5 m。

招式 59　栽植金银花

金银花的栽植时间有春、冬或晚秋两季,即10下旬至翌年5月下旬之间,但以晚秋或早冬栽植最好。苗木栽植时,挖 $30 \times 30 \times 30$ 厘米的定植穴,每穴施入菜饼 $0.5 \sim 0.75$ 公斤或猪牛粪 2.3 公斤或 N、P、K 复合肥 $0.25 \sim 0.5$ 公斤,拌土均匀后,上面覆盖 $2 \sim 3$ 厘米的土,再将苗木根系舒展开,栽植在定值穴中,并踩紧土,浇透定根水。苗木栽植深度以超过嫁接口 $10 \sim 20$ 毫米为宜。为了提高苗木栽植成活率,苗木定栽前或栽好后,必须去掉 2/3 的叶片。

招式 60　整形修剪

金银花自然更新的能力较强，新生分枝多，枝条自然生长时则匍于地，不利于立体开花。为使株型得以改善且保证成花的数量，需对金银花进行合理的修剪。对金银花进行冬季修剪和夏季修剪，是一项提高产量、复壮更新、延长丰产年限的重要技术措施。

（一）整形修剪原则

1.因树修剪、随树造形。管理水平不同，树形多种多样，修剪时要因枝修剪，随树就势，诱导成形；修剪不可过重或较轻。否则影响金银花的产量和质量。只有骨干枝搭配合理。开花母枝有大有小，有高有低、枝枝见光方能丰产。

2.长远规划、全面安排。金银花当年栽植，当年即可开花。整形修剪的好坏直接影响将来的产量，因此在修剪时既要考虑早见效益，又要考虑将来的丰产结构，要有一个长远打算和全面安排，便于适应市场变化与需求。一般来讲，前两年控制产量、培养好骨干枝，为丰产打基础。

3.平衡树体、通风运光。在树体中要保持骨干枝长势平衡，不能一边强一边弱、高矮悬殊形成偏冠。必须采取抑强扶弱的措施，防止竞争、保持平衡、稳定树势。

（二）整形修剪时间

金银花整形修剪分冬、夏两个时期。冬剪，也叫休眠期修剪，即从冬季至翌年发芽前。夏剪，也叫生长期修剪，即整个夏季生长期的修剪。

（三）常用修剪术语

1.短截，是将一年生枝剪去一段。又分轻短截和重短截两种。在枝条的4~5节处剪叫轻短截；在枝条的2~3节处剪为重短截。

2.疏枝，把一个枝条从基部剪去叫疏枝，通常用于一些密挤枝条和细弱枝条。可以改善树冠内的光照条件。

3.缩剪，对多年生衰退的枝条，剪去一部分或大部分的方法叫缩剪。

4.摘心抹芽，在生长季节将新梢的顶端掐去叫摘心，它有促进二次枝生长的作用。抹芽就是对枝条某些部位不起作用的基芽或不定芽提前抹去，节省养分，利于树内光照。

（四）整形修剪基本方法

整形可分常规整形和立杆辅助整形两种。

常规整形修剪通常于移植后1~2年萌芽之前进行，修剪培养成伞形直立小灌木。具体整形修剪的方法：栽后的1~2年内主要是培育直立粗壮的主干。当主干高度在30~40厘米时，剪去顶梢，促进侧芽萌发成枝。第2年春季萌芽后，在主干上部选留粗壮枝条4~5个，作为主枝，分两层着生。在冬季，从主枝上长出的一级分枝中保留5~6对芽，剪去上部。以后，再从一级分枝上长出的二级分枝中，保留6~7对芽，剪去上部。再从二级分枝上长出的花枝中，摘去勾状形的嫩梢。如没有这种嫩梢，则不要摘除。一般入春后在二级分枝中或原来的老花枝上萌发出的节密而短、叶细的幼枝均是花枝，应予保留。

立杆辅助整形是将茎蔓攀援在高1.3~1.6m的立杆上，插杆后将地上部分全部剪去，只从根部生长的分枝中选留1~3个生长旺盛的枝，将其缠绕在立杆上，让其在辅助杆上向上生长，以形成直立的中心杆。

每年冬、夏两季进行修剪。冬季修剪主要掌握"旺枝轻剪，弱枝重剪，枯枝全剪，枝枝都剪"的原则，要剪去内膛枝、过密枝、交叉枝、病枝、下垂枝、徒长枝、细弱枝、沿土蔓生枝，保留健壮枝条，对所剩余下的枝要全部进行短截，以形成多个粗壮主侧干，逐年修剪形成圆头状株型或伞型灌木状，并促使通风透光性能好，增加产量，又便于摘花。冬剪后，在春季萌芽生长时，能集中利用贮藏的营养，新生枝叶很快成为生长中心，形成大量腋花，产量大幅度提高。夏剪要轻，以剪除郁闭枝、细弱枝为主，适当对少数壮旺枝进行中度短截，控制金银花徒长，以免形成细弱的钩状枝，以改善光照条件，延缓叶片衰老，提高光合效能，增加营养积累。每年夏季，产花后进行多次摘梢，摘去已开花梢，促使形成新的花梢，并剪去靠近根部发出的枝条，以及徒长枝条，减少养分消耗。

生长季节修剪，以"打顶"为主，能促使多发新枝，以达到枝多花多的目的。具体操作：从母株长出的主干留1~2节，2节以上用手摘除，从主干长出的一级分枝留2~3节，3节以上摘除，从一级分枝长出的二级分枝留3~4节，4节以上摘除。以后，从2级分枝长出的花枝一般不再打顶，让其自然生长开花。一般节密叶细的幼枝即花枝应保留。无花的徒长枝，枝粗、节长、叶大，就摘除，以减少养分消耗。通过打顶使每一植株形成灌木丛，增大营养空间，促使大批量花蕾提早形成。

通过整形修剪，金银花便从原来缠绕生长改为枝条疏朗、分布均匀、通风透光、主干粗壮直立的伞形灌木状树形。由于金银花具有当年新生枝条能发育成花枝的特性，通过上述修剪措施，能促进多发新枝，多形成花蕾，从而达到增产的目的。每年冬剪于霜降后至封冻前进行，还应剪除枯老枝、病虫枝、细弱枝、交叉扰乱树形的长枝等。使养分集中于抽生新枝和形成花蕾。采花后，同样进行夏季修剪。每次修剪后，都应追肥1次。

招式61 土壤管理

土壤的肥沃程度直接影响到金银花的丰产稳产。土壤要长期保持疏松，通透性好，保水保肥，才能有利于根的生长发育，所以在金银花整个生育期内必须经常进行土壤管理，深翻改土，中耕除草等工作。

（一）深翻园地

为防止土壤板结，减轻土壤容重，提高其保水保肥能力，对金银花园地要求1年深翻一次，深度30~40厘米，方法是：距主干20~30厘米先出沟，依次处延，将表土和基肥混合翻入地下，整平地面。对干黄黏土进行压砂，厚度10~20厘米，然后深刨，使土沙均匀混合。对于瘠薄的山地，若有土源，可进行压土加厚土层，为金银花根的生长发育创造良好的条件。

（二）中耕除草

金银花栽植成活后，要及时中耕除草。中耕除草在栽植后的前3年必须每年进行3~4次，发出新叶进行第一次，7~8月进行第二次，最后1次在秋末冬初霜冻前进行，并结合中耕培土，以免花根露出地面。3年以后可视植株的生长情况和杂草的滋生情况适当减少除草次数，每年春季2~3月和秋后封冻前要进行培土。

招式62 施肥管理

（一）施肥

合理施肥是促进金银花高产、稳产、质优的关键，是金银花管理中的一项重要措施。

1. 基肥

常用基肥有圈肥、人尿堆肥、作物杆等。在晚秋或金银花进入休眠期，结合每年深翻挖槽，将有机肥料施入土壤，均匀撒于沟槽内，然后将挖出的土回填于沟槽内，并用铁耙将地面耙平，以利蓄水、保墒。施肥量可根据树体大小而定，树体较大每株施土杂肥 5~6 公斤、化肥 50~100 克，小植株可适当减少；土壤肥沃，可少施或不施，以免植株疯长。一般以每穴施 0.15kg 枯饼肥或腐熟农家肥 5kg 为宜。

2. 追肥

金银花为喜氮、磷植物，早春芽萌动时追施一定的氮肥，采花前增施磷钾肥都可显著促进生长和提高花的产量。据试验，在 3 年生以上的树体，于春芽萌动前后每株追施尿素 0.1 千克或 0.15 千克复合肥，开花前每株追施磷酸二铵 0.05 千克或 0.1 千克复合肥，产量可提高 50%~60%，增产效果显著。追肥时应结合中耕除草进行，在树冠周围开环状沟施入，施后用土盖肥并进行培土，厚 5 厘米。为了促进植株的生长和成花数量，可在花芽分化时，用 0.2~0.3% 的磷酸二氢铵溶液喷施于叶面。采花后，有条件的可追施尿素 1 次。

3. 施肥方法

施肥常与培土同时进行，采取环状沟施。沿树冠滴水线周围开 20cm 深的沟，将肥料拌匀后施入、与土混合，上边培土即可。

招式 63　浇水与排涝

金银花虽然抗旱、耐涝，但要获得丰产仍需要一定的水分。萌芽期、花期如遇干旱，则要浇水。在地下水位较高的园地，要特别注意排涝，因长期积水影响土壤通气，根系缺氧严重时期会引起根系死亡，叶面发黄，树木枯死。

招式 64　保花

花期遇干旱无雨或雨水过多，都可能会引起大量落花、沤花或未成熟的花破裂。可在金银花花蕾普遍有 0.2~0.3 厘米长时进行一次根外追肥，以乐果 15 克、人尿 1 公斤、清水 20 公斤混匀喷施。结合实行天旱淋水、雨多排渍的措施，则能有效减少落花。

招式 65　病虫害防治

金银花的主要病害是白粉病、叶斑病,主要虫害是咖啡虎天牛、蚜虫、叶蜂、金银花尺硬等。

(一)白粉病

危害金银花叶片和嫩茎。叶片发病初期,出现圆形白色绒状霉斑,后不断扩大,连接成片,形成大小不一的白色粉斑。最后引起落花、凋叶,使枝条干枯。

防治方法:

①选育抗病品种。凡枝粗、节密而短、叶片浓绿而质厚、密生绒毛的品种,大多为抗病力强的品种;

②合理密植,整形修剪,改善通风透光条件,可增强抗病力;

③用505胶体硫100克,加90%敌百虫100克,加50%乐果15克,对水20千克进行喷雾,还可兼治蚜虫;

④发病严重时喷25%粉锈宁1500倍液或50%杜邦易保800~1000倍液或400g/L的福星6000~8000倍液,能很好地防治白粉病。

(二)叶斑病

发病时叶片呈现小黄点,逐步发展成褐色小圆斑,最后病部干枯穿孔。

防治方法:出现病害要即时清除病叶,防止扩散,并用65%代森锌可湿性粉剂400~500倍液或75%瑞毒霉800~1000倍液连续喷2~3次。

(三)咖啡虎天牛

咖啡虎天牛是危害金银花的重要蛀茎害虫,危害严重时造成茎秆枯死。

防治方法:成虫5月中、下旬开始产卵危害。可于产卵期用50%辛硫酸乳油600倍液,或50%马拉硫磷乳油800倍液喷雾,每7~10天喷1次,连喷2~3次;5月上旬和6月下旬,当幼虫尚未蛀入茎干之前,也可喷雾80%敌敌畏乳油1000倍液各1次。当幼虫蛀入茎后,可用注射器吸取80%敌敌畏油原液注入茎干,再用稀泥密封蛀孔。另外剪除枯枝,集中烧毁。

(四)豹蠹蛾

又称六星黑色蠹蛾,属鳞翅目豹蠹蛾科。主要危害枝条。幼虫多自枝杈或嫩梢的叶腋处蛀入,向上蛀食。受害新梢很快枯萎,幼虫以后向下转移,再次蛀入嫩枝内,继续向下蛀食,被害枝条内部被咬成孔洞,孔壁光滑而直,内无粪便,在枝条向阴面排粪。

防治方法:

①及时清理树枝,收花后,一定要在7月下旬至8月上旬结合修剪,剪掉有虫枝,如修剪太迟,幼虫蛀入下部粗枝再截枝对树势有影响。

②7月中、下旬为其幼虫孵化盛期,这是药剂防治的适期,用40%氧化乐果乳油1000倍液,加入0.3%~0.5%的煤油,进行喷雾,以促进药液向茎秆内渗透,可收到良好的防治效果。

③也可采用防治咖啡虎天牛的方法,用注射器从蛀孔注入40%氧化乐果乳油原液。

(五)银花叶蜂

幼虫危害叶片,初孵幼虫喜爬到嫩叶上取食,从叶的边缘向内吃成整齐的缺刻,全叶吃光后再转移到邻近叶片。发生严重时,可将全株叶片吃光,使植株不能开花,不但严重影响当年花的产量,而且使次年发叶较晚,受害枝条枯死。

防治方法:

①人工防治,发生数量较大时可在冬、春季在树下挖虫茧,减少越冬虫源。

②药剂防治,幼虫发生期喷90%敌百虫1000倍液或2.5%敌杀死2000~3000倍液。

(六)金银花尺蠖

金银花尺蠖是危害其叶片的主要害虫,严重时整株叶片和花蕾被吃光,造成毁灭性危害。可于采收季节喷布800倍液敌敌畏或500倍液敌百虫等,防治效果良好。或用微生物农药青虫菌和苏芸金杆菌天门7216菌粉悬乳液100倍喷雾,防治效果显著。也可用20%杀灭菊酯2000倍液或2.5%溴氰菊酯1000~2000倍液喷雾。

(七)蚜虫

一般在清明前后开始发生,多在叶子背面。立夏前后阴雾天,刮东风时,危害极为严重,能使叶片和花蕾卷缩,生长停止,造成严重减产。一般于清明和谷雨时各喷1次40%乐果乳剂800~1000倍液即可控制。

招式 66　采收加工及贮藏

（一）采收

金银花的优良品种如封丘大毛花、鸡爪花等，春季栽植者当年即可结花，秋冬季栽植者次年结花，所以金银花一经栽植，就要考虑花蕾采收和加工问题，准备好采收花蕾的容器和建造花蕾加工烤房。

1. 金银花花蕾发育规律

封丘大毛花在华北地区每年开 4 茬花，第 1 茬花从 4 月中旬开始萌蕾，以后逐渐增多，到 5 月中旬花蕾发育成熟开始开花，5 月底第 1 茬花结束，以后每 30 天左右 1 茬花，第 4 茬花不集中可陆续开到 10 月上旬。

金银花单花从萌蕾到开放约需 13～20 天，春季长些，夏秋季气温较高，花蕾发育较快，发育时间短些。当花蕾长到应有长度的 1/2 时发育加快，花蕾颜色开始由青变白，如不及时采收，就要开放。

2. 采收时机

金银花从现蕾到开放、凋谢，可分为以下几个时期：米蕾期、幼蕾期、青蕾期、白蕾前期（上白下青）、白蕾期（上下全白）、银花期（初开放）、金花期（开放 1～2 天到凋谢前）、凋萎期。青蕾期以前采收干物质少，药用价值低，产量、质量均受影响；银花期以后采收，干物质含量高，但药用成分下降，产量虽高但质量差。白蕾前期和白蕾期采收，干物质较多，药用成分、产量、质量均高，但白蕾期采收容易错过采收时机，因此，最佳采收期是白蕾前期，即群众所称二白针期。

3. 采收方法

金银花采收最佳时间是：清晨和上午，此时采收花蕾不易开放，养分足、气味浓、颜色好。下午采收应在太阳落山以前结束，因为金银花的开放受光照制约，太阳落后成熟花蕾就要开放，影响质量。采收时要只采成熟花蕾和接近成熟的花蕾，不带幼蕾，不带叶子，采后放入条编或竹编的篮子内，集中的时候不可堆成大堆，应摊开放置，放置时间不可太长，最长不要超过 4 小时。

（二）晒花加工

采收的花蕾，若采用晾晒金银花，以在水泥石晒场晒花最佳，要及时将采收的金银花摊在场地,晒花层要薄,厚度2～3厘米,晒时中途不可翻动,在未干时翻动,会造成花蕾发黑,影响商品花的价格,以曝晒干制的花蕾,商品价值最优。晒干的花,其手感以轻捏会碎为准。晴好的天气两天即可晒好,当天未晒干的花,晚间应盖或架起,翌日再晒。采花后如遇阴雨,可把花筐放入室内,或在席上摊晾,此法处理的金银花同样色好、质佳。

(1) 晒干

1970年以前,山东产区多选背风、向阳。日照长的平地或石板,在早晨把花薄撒一层,当天晒当天收,此法省工省时,但遇风天、阴雨天就会影响质量。1970年以来,多用筐晒法。用木棒制成长约1.7米、宽约0.7米、高5～7厘米的筐架,用高粱秸或席(高粱秸不去皮,席要翻用,利吸水)做底。每筐晒鲜花2.5～3千克。将筐南北向置通风向阳处,北部垫高,晒至八成干后,可倒入席上翻晒。夜间或遇雨可将筐罗放在院内,筐与筐之间放两根横木,上盖席(或防雨具)。花蕾达八成干时,绝对不能翻动,否则变黑,质量下降。

(2) 烘干

预烘(室温30℃)→装花(35℃,每2～3小时上、下层花筐对换)→加温与通风(40℃时通风,5～10小时内,温度保持45～50℃。通风每次5分钟,10小时后,温度升至55℃时即迅速干燥,共约18小时)→出炕(出炕前1小时减火,并通风,当温度下到10℃以下,银花八九成干时,将花筐端出晾干)。

烘干时,建立烘房一般采用两间式,长6米、宽5米,房子的一头修两个炉口,房间内修回龙炕式火道,房顶留烟筒和天窗,在离地面0.3米处。每间房前后墙各留相对的一对通气孔,房内两侧离墙20厘米处各设钢筋或木头烘架一个,架间留1.4米的通道,架长5.6米、宽1.6厘米、高2.6米,架分10层,层距20厘米。底层离火道40厘米,每层放金银花筐子8个,筐间距10厘米,共上花筐160个。上花前先预烘,去除室内潮气和提高温度,当室温上升至35℃时即可装花,鲜花厚度保持在3～4厘米,将筐子整齐地排放在烘干架上,关闭门窗,堵塞通气孔,进行烘烤,每烘2～3小时,要将上面和下面的筐子倒换一次位置。装好金银花后,要立即增加火势,当室温提高到40℃左右时,鲜花开始排水,可打开天窗,排放水气。5～10小时内,室温应保持在45～50℃,打开气孔,使水气迅速排出。如温度不够,可将气孔的一部分或全部堵塞,待室内潮气大时再通风,每次只可5分钟左右。10小时后,鲜花的水汽大部分排出,室温达55℃,金银花迅速干燥,一炕历时18小时。出炕前1小时左右陆续减火,并一直通风透气,温度降至40℃以下,握之顶手、有响声时,就可将花筐端出。无论晒干或烘干,均应在1~2天后再烘(晒)一次,使其干透。

优质的商品花色黄白色至淡黄色,含苞未开,夹杂碎叶含量不超过3%,无其他杂质,有香气。自然干制的花较烤制的花有香气,药味淡,有条件的地方,可用烘干机械加工,效果最佳。

(三)贮藏

金银花贮藏时用塑料袋包装扎紧,置通风干燥处,防受潮、霉变、虫蛀即可。

温馨提示

1. 本金银花的市场发展前景如何?

金银花是国家卫生部批准的药食两用中药,现被国家定为重点发展的中药材之一。它具有很高的药用价值,特别是它的广谱抗菌性,被誉为"中药抗生素"、"绿色抗生素"。在现代人追求绿色、健康、时尚的世界潮流中大受青睐。据统计,全国的中成药中有1/3以上含有金银花。目前,金银花不但应用于药品、保健品领域,而且越来越多应用于食品饮料、化妆品、生活卫生用品等领域。

2. 金银花适应于哪些地区种植?

金银花具有很强的生命力和特别的抗逆性。目前,木本金银花在山区、平原、黏壤、沙土、微酸、偏碱地带皆做过实验,皆能良好的生长。所以它适宜在全国的各个地区种植。

第九章
7招教你种木瓜

qizhaojiaonizhongmugua

招式67：选地建园，合理密植
招式68：木瓜的选种
招式69：播种育苗
招式70：农药之使用方法
招式71：中耕及除草
招式72：摘除腋芽、疏果
招式73：其他避害办法

99招让你成为
zhongzhinengshou

> **简单基础知识介绍**

　　木瓜为蔷薇科落叶灌木植物，贴梗海棠或木瓜的成熟果实，前者习称"皱皮木瓜"，后者习称"光皮木瓜"。主要产于安徽、浙江、湖北、四川、云南等地，福建、湖南、陕西、河南、山东等生亦产。夏秋两季果实绿黄时采摘。皱皮木瓜置水中烫至外皮灰白色，对半纵开后晒干；光皮木瓜纵开成二或四瓣置于沸水中烫后，晒干，切片生用。

　　作为水果食用的木瓜实际是番木瓜，果皮光滑美观，果肉厚实细致、香气浓郁、汁水丰多、甜美可口、营养丰富，有"百益之果"、"水果之皇"、"万寿瓜"的雅称，是岭南四大名果之一。木瓜富含17种以上氨基酸及钙、铁等，还含有木瓜蛋白酶、番木瓜碱等。半个中等大小的木瓜足供成人整天所需的维生素C。木瓜在中国素有"万寿果"之称，顾名思义，多吃可延年益寿。木瓜还有具健脾消食、抗疫杀虫、通乳抗癌、抗痉挛、清暑利尿、舒经活络、和胃化湿等功能，市场需求巨大而产量有限，可成为农业种植致富的途径之一。

> **行家出招**

招式 67　选地建园，合理密植

　　木瓜生长迅速，结果快，常年结果，产量丰，木瓜苗高叶大，叶柄细长，根系肉质组织柔弱，对天然灾害抵抗力弱，所以栽培园地选择是否得当，是栽培种植成功与否的关键。选择栽培园地需满足下列条件：

　　1. 木瓜生育最适温度是25℃~30℃，日平均温度最低在16℃以上时生育、结果、产量、品质才能正常，若下霜时即受冻死亡；

　　2. 木瓜根部浸水24~36小时即腐烂，需选择雨后无积水之地，不时作高垄和排水沟，若积水应立即疏通，防根部腐烂。

　　3. 木瓜苗根浅，不耐干旱，为使连续不断结果，增加产量保持园地湿润，砂质地每5~7天灌水一次，壤土田地每10~15天要灌水，所以要选择水源便利处；

4.土壤需选松质肥沃含有机质,土层深厚,地下水位低,PH6.0~6.5通风良好之砂壤土或砾质砂壤土。

5.南向避风,为使日照充足,并减少风害、寒害,宜选南向或东南向、西南向,坡度在20度以下,且能避风的缓坡地栽培;木瓜种植,不宜连作,否则发育不良,病虫害严重,老株废耕后,须经过3年才可以再种;

6.木瓜不宜连作(除可抗病品种外),连作时发育不良,病虫害严重,树龄缩短,同一园地栽培过后,至少间隔一年才可再种,园地宜全面耕种,清除杂草、杂物、起垄、开沟,以利排水;为使土质保持松软,保水、保肥、保温,防止杂草蔓生,园地最好铺地膜,地膜选用银黑双色地膜,规格为1米,厚度0.3~0.35毫米,有添加防紫外线素之优质地膜。

招式68　木瓜的选种

选择优良品种需品质纯正、无杂交劣变现象,种子须充分成熟,可用水洗法漂净不充实的种子去除,贮藏须5℃~10℃,相对湿度10~20%,即低温干燥,且密封的地方。

招式69　播种育苗

1.育苗

木瓜播种期除1~2月需保温,6~7月须防雨外,各月皆可播种,但以秋播(8~11月)最适宜,木瓜育苗,不宜采用直播或床播,宜用穴盘或育苗袋,填入砂质壤土3分,腐熟细碎有机肥1分,所调制之培养土育苗。

2.植株

以行距2.5米株距2米为佳,行距2米株距2米次之,每穴种植1株,但为了防止产生雄株母株,或只想园地只有两性株提高品质与产量,每穴宜种植2~3株,栽培时以直线式三角形种植,或每1米种植1株等开花能分辨出两性果及圆形果时,将所有圆形果砍除,再隔株摘除;遇有连续穴位圆形果时,再移植两性果植株补上,此法对植株生长及通风性较好时用。

3.移植

先挖穴至适当深、宽,将健壮苗之营养袋放入穴内,用手小心撕开,除去塑料袋,填平穴后灌水,栽植不可太深,以免根部腐烂。

4. 矮化处理

木瓜苗矮化处理后,甚具抗风效果,并可抑制植株生长,降低结果部位,以利采收,方法有二:第一为拉倒法,此法适用于雨季及排水不良之园地,方法为定植时,将主苗茎与地面到45°斜栽;第二为摁倒法,此法为苗高30~40厘米时,在侧根顺风方向挖起泥土,将植株倒呈45°,用塑料绳将苗固定于地面,再将土壤填埋,此法效果较佳,虽然会延迟开花期,但产出之果质量佳,又能增加产量,使用此法需在雨后或灌水后,土质松软时采用。

5. 施肥

施肥分三种。一种是有机肥,一种化肥,一种叶面肥。有机肥的使用方法,于整地时每亩使用350千克鸡粪,添加钙、镁、磷肥及复合肥各一包,及约50千克之生石灰腐熟处理后施用,第一次打底肥特别注意需添加每亩一斤之硼砂,;第二次施用期为定植后3个月施用350千克/亩有机肥;第三次为定植后6个月,施用350千克/亩有机肥。

化肥之使用方法为:

1)水肥,定植后每15天,以适量之复合肥调开后灌根部,全部使用3~4次;

2)埋施追肥,定植后一个月开始每15~20天施用一次,每株苗约施3两复合肥,开花后坐果期施用复合肥时请添加高钙肥,施肥方式,幼苗采用环施,大苗时采用沟施或畦沟撒施。3)叶面肥:视叶生长情况,适量喷洒叶面肥,开花期添加微量之硼砂。

招式 70 农药之使用方法

木瓜对农药较敏感,因此乳剂及较刺激性的农药慎用,定植后每15~20天固定喷洒杀虫及杀菌之药剂,如发现虫害严重时应立即杀虫,结果时期喷洒农药需添加展着剂,木瓜的主要虫害有疫病、炭疽病、轮斑病、病毒病和螨、蚜类虫害,一经发现,应及早寻找对应农药处理。

招式 71　中耕及除草

当定植后畦沟间应立即喷洒杀草籽剂,以免产生杂草,使用杀草剂后之农药桶,若无彻底清除干净,不可用作农药桶。药剂必须在土面上喷施均匀,不可喷及茎叶根干,风力较强或下雨时不宜喷药,若有杂草时适当掩埋顺便除草,培土时不可挖土太深以免伤及根部。

招式 72　摘除腋芽、疏果

幼龄树叶腋间长出的腋芽会消耗水分及养分延迟开花结果,阻碍通气透气,易生病虫害,所以应在晴天时及早摘除

疏果及割除枯老叶,结果期应随时将授粉不良形状、不整齐发生病虫害和过分拥挤的果实摘除。枯叶易诱致病虫害,强风时会刺伤果皮,影响商品价值,又老叶光合作用衰退,为避免消耗养分增加通风和日照减少病虫害,应随时割除,割除时留下长柄,只除叶片,长柄会在适当期掉落。

招式 73　其他避害办法

风害后处理。强风或台风过后,应立即进行下列处理,以使树势迅速恢复。

1)园地排水以免根腐。
2)施肥或以 0.05% 之尿素液进行叶片喷施;
3)植株倒伏或叶片折断严重以支架固定(切记不可将苗扶正);及干茎培土,并用报纸包裹果实以免日烧。
4)全面喷洒杀虫剂,预防疫病发生。
5)若根部及叶片严重受损,树热衰弱,宜进行疏果将上段小果摘除

当木瓜苗定植一个月,即需在菌园四周及靠北寒风来袭之处多种玉米,因木瓜树易由蚜虫传染轮癍型毒素病,而玉米易吸引蚜虫来食;而蚜虫吸食玉米后,则自然降低传染毒素病之机会,冬季于靠北地区广种玉米具有防风

防寒效果,因玉米种植期短,故需多种几次。

木瓜的生长习性?

木瓜喜温暖湿润气候,较耐寒,不耐旱。对土壤要求不严,但适宜在阳光充足,土层深厚、肥沃的地方生长。

木瓜为二年生枝条成花,二至三年的粗壮短枝结果率较高。虽开花较多,但落花落果严重。

种子具休眠特性,在低温湿润条件下,处理2~3个月能解除休眠。种子寿命1~2年。

第九章
6招教你种核桃

liuzhaojiaonizhonghetao

招式74：繁殖
招式75：核桃栽植
招式76：整形修剪
招式77：土肥水管理和疏雄
招式78：病虫害及其防治
招式79：采收和贮藏

99招让你成为

简单基础知识介绍

核桃是一种重要的油料果树,经济价值很高。核桃仁除富含脂肪外,蛋白质、维生素和多种矿物质的含量也很高,常作为一种高级滋补品,并具有一定的医药效用。我国的核桃仁质量好,含油量高,深受国际市场欢迎。核桃与核桃仁都是重要的传统出口物资。

核桃树性强健,适应性强,病虫害少,管理省工,果实贮运方便,寿命长,是山区开发中非常相宜的一种果树。

核桃为核桃属的植物,作经济栽培的主要有普通核桃和铁核桃两种。我国南北各地栽培的品种大多属于普通核桃。铁核桃又名漾濞核桃,主要分布在云南、四川及贵州一带,该种性喜湿热而不耐于冷,是与普通核桃不同的另一个生态型。此外,尚有野生的核桃楸和野核桃等,都是同属植物。

值得一提的是,同属核桃科的另一个属—山核桃中也有一种生产坚果的果树,叫薄壳山核桃,又名美国山核桃或长山核桃,19世纪末引入我国,目前在苏、浙、闽、赣等省有零星栽培。性喜温暖湿润,坚果大,长椭圆形,壳薄仁大,味美质优。在长江流域及其以南地区颇具开发价值。

行家出招

招式 74　繁殖

核桃历来都用种子繁殖,生产中大多数为地方性的实生类型,极少存在由无性繁殖形成的品种。根据开始结实的早晚和核壳的厚薄,可将核桃首先分为早实核桃(播种后2~4年结果)和晚实核桃(播种后5~10年结果)两大类群。但种子实生繁殖虽简单易行,而结果迟,且容易发生变异,影响果实的商品化。今后应逐步推广嫁接繁殖。

嫁接繁殖常用本砧或野核桃。种子秋播或经沙藏后春播。沙藏时间需60~90天。如种子干藏春播的,播种前需用温水浸种5~7天,每天换水1次,以促进种子吸胀,果壳裂口,提高出苗率。嫁接方法以春季枝接(皮下接或劈接)为主。核桃树在休眠期有伤流现象,嫁接的物候适期宜比其他果树推迟，否则影响成活。通常掌握砧木萌芽后至展叶期10天左右。但接穗应提前剪取，并保湿贮于0℃~5℃的低温处。芽接在7~9月间进行，多用方块芽接法。核桃枝皮内单宁较多，易形成接口的隔离层。故嫁接应操作迅速，削面平滑，有利于提高嫁接成活率。

招式 75　核桃栽植

核桃栽植株行距依品种特性及土壤肥瘠而定。成片栽植(4~5)米x(5~8)米，果粮间作的行距可扩大到25米~30米。要求栽植地土层深厚，过于瘠薄之地易形成"小老树"，不宜栽种。栽植时还要注意配植授粉树。核桃苗木侧根少，不耐移栽，起苗后应迅速定植，苗根不可暴露太久，栽植前后都要注意保湿。

招式 76　整形修剪

核桃是喜光性树种，尤其是进入结果期后，更需要充足的光照。树形一般采用疏散分层形或自然开心形两种。干性强的品种和立地条件好的采用疏散分层形，其具体要求和操作过程可参照苹果。但核桃有发生分枝较晚，树体较旺及背后枝易强等特点，因此在整形中还应掌握定干高度较高(1~1.5米)和定干时期较晚，层间距和主枝上第一副主枝(即侧枝)距中心干的距离均应适当扩大，以及不宜选留背后枝作副主枝等要求、树冠开张、干性弱的品种和立地条件较差的情况下可采用自然开心形树形，每株选留主枝2~3个，从每个主枝上再选留3~4个副主枝填补空间。

幼树修剪中主要对干扰树形的一些枝条进行处理。如早实核桃易产生大量二次枝和雄花枝，有时还易发生徒长枝，需留用的二次枝和徒长枝应及时摘心或短截，培养成结果枝组；其余应及早疏除。对易喧宾夺主的背后枝，位于第一层主枝和副主枝上的一律从基部疏除；位于第二、三层主枝和副主枝上的，根据需要和长势强弱决定去留，留用的背后枝长势旺时可行摘心或重回缩，改造成枝组。

成年大树要及时疏除外围过密枝、下垂枝，并缩剪改造占空间较大的辅养枝，以改进树冠内的光照条件。当树冠中短枝和雄花枝比例增多时，表明树体已渐趋衰弱,应及时进行更新复壮。对结果枝组可去弱留强,回缩更新,并充分利用树冠中发生的徒长枝,加以改造利用,以增加壮旺枝的比例。当出现焦梢或大、中枝枯死时,表明树体已趋衰老。可逐年回缩更新各级骨干枝,利用核桃隐芽寿命长的特点,重新形成新树冠恢复结果能力。

核桃休眠期修剪常因剪口愈合不良而发生伤流现象,严重时影响树势。以秋季采果后、叶片变黄前为修剪适期。此外,发芽后也可修剪。

招式 77　土肥水管理和疏雄

核桃成年树根深叶茂,对肥水的需要量很大。每年落叶后深翻一次,扩大树盘,并结合施用基肥,生长期间则在雨后深刨和翻压杂草。追肥掌握在发芽前、落花后及硬核期进行 2~3 次。前期以氮肥为主,促进春梢生长和幼果的发育,后期氮磷钾三要素相互配合,促进花芽分化、核仁充实并改进核仁品质。每次施肥后,可结合进行灌溉。核桃对干旱比较敏感,缺乏水源的地区可覆盖保墒。雨季则需排除田间积水。在春梢停长后到秋梢停长前要注意控水,以控制新梢后期的生长。冬春经常发生冻旱"抽条"的地区,初冬应灌冻水一次。

成年核桃树雄花数量甚大,空耗树体养分,当雄花芽开始膨大时,采取疏雄措施(盛果期树可疏除 75%~80%),有利于增加产量。

招式 78　病虫害及其防治

1. 病害

核桃的病害主要有核桃黑斑病和核桃炭疽病等。核桃黑斑病为害果实,也为害叶片和新梢,引起果实腐烂和早期落果,降低出仁率,是一种细菌性病害。防治方法:在萌芽前喷一次波美 3°~5° 的石硫合剂,开花前后再喷 200 倍石灰倍量式的波尔多液,以后每隔 20 天左右连续喷药 2~3 次。核桃炭疽病主要为害果实,是一种真菌性病害,并与苹果炭疽病病菌能互为传染。防治方法可参照苹果炭疽病。

2. 虫害

虫害主要有核桃举肢蛾、核桃小吉丁虫、木橑尺蠖、云斑天牛等。核桃举肢蛾又名核桃黑,华北产区发生严重,每年发生1~2代。幼虫蛀食青皮,引起总苞变黑腐烂,幼果脱落,核仁干缩,以老熟幼虫在土中越冬。防治方法:在成虫产卵和蛀果前喷5o%杀螟松1000倍液或20%速灭杀丁乳油5000倍液;受害较轻时在幼虫脱果前摘除虫果深埋。

招式79　采收和贮藏

核桃果实以总苞由绿转黄、部分自然开裂时为采收适期。采收过早,总苞不易剥离,出仁率和出油率均降低。采后总苞未自行脱落的须沤制脱皮。即将核桃堆积于场地上,堆高30~50厘米,上用湿草席等覆盖,经3~5天,用棍轻击,青皮即可脱落。也可用40%乙烯利500~1000倍液浸泡未脱皮的核桃,然后堆放24小时,再用棍敲打,青皮极易脱落,且核壳光洁,不受污染。

脱皮后的湿核桃,及时用水冲洗,并立即漂白。出口外销的核桃必须经过漂白,以增进美观。先将漂白粉配成80倍的溶液,然后将核桃放入,不断搅拌,8~10分钟后捞出核桃,再用清水冲洗干净,摊放席箔上晾干。晾干时应勤加翻动,避免背光面发黄,影响品质。当核仁变脆、断面洁白,隔膜易碎裂时,即可置冷冻干燥通风处收藏。贮藏期间经常检查,注意防潮和防止鼠害。遇有个别霉烂变质时,要取出晾晒。

温馨提示

1. 核桃始果年龄与品种和繁殖方式有关。嫁接繁殖的早实核桃栽植后2~3年即可结果,实生繁殖的晚实核桃则需5~10年才能开始结果,嫁接可使结果年龄提前。一般20~30年进入盛果期,经济寿命很长。

2. 核桃栽植后的前五年内,要把握好施肥的时间与节奏:

1)萌芽肥(花前肥):一般在2~3月进行,施速效氮肥为主。

2)稳果肥:花谢后至6~7月,施多元复合肥为主。

3)壮果促梢肥:一般在秋梢萌发前追施,复合肥、有机肥配合施放。

3. 施肥的方法,最好是有机肥和无机肥混合施放,具体执行为:

1)环状法:以树干为中心,沿树冠周围开施肥沟,一般沟深15~20cm,宽30~35cm,肥料施放后上面覆土。

2）条状法：在行株间开沟施肥。

3）放射状法：以树干为中心向外开4~6条沟，近树干处开浅沟，向外逐渐加深。

4）撒施法：可将肥料均匀撒于树冠之下，然后浅翻入土。

4. 深山地区雨量多，湿度大，有些核桃树枝叶生长旺盛，但不结果，可采用断根、树干凿洞、砍伤、去皮块等机械创伤方法，抑制生长，促进花芽分化，提高产量。

1）断根：落叶后或发芽前，刨开根部土壤，在距根茎0.6~2米处，截断5~15厘米粗的侧根1~2条，使断口流水，断根后覆土。

2）砍伤：每年冬季在树干基部用快斧砍伤树皮，深达木质部，使其流水，增产效果显著。

3）去皮块：落叶后在主根上剥去8平方厘米大的皮块，然后覆土，挂果可以增多，品质变好。

5. 树冠外围1年生的健壮枝常是明年的结果母枝，一般不短剪，但结果母枝过多时会造成树冠郁闭，影响通风透光，须适当疏去部分细弱的结果母枝，以稳定产量，促进树体正常发育。

6. 延长枝的修剪。对15~30年生的盛果期树，树冠外围各级主枝枯部抽生的1年生延长枝，可在枯芽下2~3芽处进行短截。

7. 徒长枝的修剪。徒长枝大多由内膛骨干枝上的隐芽萌发形成，在生长旺盛的成年树和衰老树上发生较多，多从基部剪去。

8. 下垂枝的修剪。在分杈处回缩，同时剪掉干枯病虫枝。过密的下垂枝要逐年砍除。

第十章
6招教你种葡萄

liuzhaojiaonizhongputao

招式80：葡萄栽植方式
招式81：葡萄的整形修剪
招式82：生长期间植株的管理
招式83：肥水管理
招式84：采收与贮藏
招式85：主要病虫害及其防治

99招让你成为
zhongzhinengshou

简单基础知识介绍

葡萄是一种色艳味美且富有营养的水果,深受人们喜爱。全世界葡萄的栽培面积和总产量在各种果树中都占首位。葡萄适应性很强,在我国广大地区均在种植。栽培葡萄中主要有欧洲葡萄和美洲葡萄两大种。我国华北、西北葡萄产区的"龙眼"、"玫瑰香"、"无核白"、"牛奶"均属欧洲葡萄,品质好,产量高,但抗病性和抗寒性较弱;美洲葡萄抗病、耐湿耐寒,但果实品质低劣,"康可"就是其中一种,在美国主要用于制汁或酿制普通葡萄酒。近年培育的欧美杂种葡萄如"世峰"、"白香蕉"、"罗也尔玫瑰"和"玫瑰露"等品种,果实品质较好,接近欧洲葡萄,而且抗病性的抗寒性强。其中"世峰"是日本培育的中熟食品种,属四倍体杂种葡萄,以粒大浓甜而为人们所嗜好。果粒重一般10~11克,大的可达15克(而普通葡萄粒重仅5~6克);充分成熟的果实含糖量超过18°。在日本,尽管葡萄生产趋于过剩,而合乎消费者胃口的"世峰"葡萄在该国仍在扩大栽培面积,市场上消费量稳定上升。在我国台湾省,"世峰"卖价明显优于其他小种葡萄,因而栽培面积也日见增加。广东等省区引种"世峰"亦获成功,可望不久将迅速发展。

葡萄栽培两年结果,第四到第六年进入盛果期,结果期长达40~60年,亩产鲜果1000~2000千克。目前,我国葡萄种植面积90万亩,年产量近500万担,远远不能满足市场的需要,有条件的地方,可大力发展。

行家出招

招式 80 葡萄栽植方式

1. 育苗后移植。扦插、压条和嫁接是葡萄常用的育苗方法。其中以扦插法最简单,使用最普遍。现将近年葡萄育苗的一些新方法介绍如下。

1)阳畦小塑料袋扦插薄膜覆盖法。春季土温10~15℃进行扦插时,将鸡粪、锯木屑、河沙、菜园土按配比混合作培养土,装入底部有小孔的小塑料袋,使培养土高15厘米左右,而后将三芽一段的葡萄枝条用清水浸泡一夜,轻轻插入培养土中,上端留一芽在塑料袋外面。继而将塑料袋埋入土中,上面加盖薄膜，至成苗为止。与露天扦插育苗相比，此法具有如下好处：成苗早，较露天扦插提早将近一个月；成活率高，达95%以上，而露天扦插一般仅为80%左右，节省浇水的劳力；占地少。

2）绿枝扦插。6月份从当年的新梢或副梢上，截取半木质化的2~3节长的枝条，进行绿枝扦插。除插条的顶端保留1片绿叶（叶片较大可剪去一半）、其他节留1段叶柄外，扦插与管理均与硬枝扦插相同。

3）水催根。6月，剪取当年生蔓（下端带一节或两节二年生蔓）；插入盛大半瓶水的罐头瓶中，取牛皮纸或塑料薄膜剪成瓶口大小的圆形，并剪一刀至圆心，然后把葡萄蔓夹在剪口中间，再用胶布之类贴好；将插了葡萄蔓的瓶移入较暖和的房间或厨房，15天左右出根，便可移到肥沃疏松的土壤中。一般一年能催根2~3次，每次15天左右，一个罐头瓶能插8~10株苗，利用层架，一个房间可培育2000~3000瓶，可育苗1.6~2万株。

4）当年扦插育苗、当年压枝以苗繁苗。这是提高葡萄繁殖系数的一项新技术。扦插后加强肥水管理，使苗肥苗壮。当苗长到50厘米时，摘心壮株，促使副梢生长，每株保留3~5个副梢。7月中旬，待副梢长10厘米左右，进行压枝，将主梢压于土中5~10厘米，副梢直立在地面上生长。"白露"后至"秋分"前，再对副梢进行摘心，集中养分养苗，至此一枝副梢就长成一棵健壮的葡萄苗。也就是说，一条插条当年就可以培育3~5条根系发达、枝条充实、芽眼饱满的葡萄苗，而且繁殖系数比一般育苗法提高4~5倍。

5）绿枝嫁接结合压条。此法当年便获得大批良种的自根苗和插条。这方法是中国农科院郑州果树研究所研究成功的。他们将葡萄的绿枝嫁接在葡萄平茬老藤的萌蘖上，借助于老藤的强大根，促进良种接穗的新梢旺盛生长，然后秋季将新梢进行水平压条，长根后，当年即可起苗。这样一株成年葡萄一年可提供的自根苗和插条，可栽植68亩。起苗后，平茬老藤上保留一小段良种主梢仍可供次年压条育苗或上架挂果。

6）绿枝空中压条。此法简便，易于掌握，新苗移植时不需缓苗，大大提高成活率。认真管理，次年即可结果。具体做法是：

当年葡萄新梢迅速生长时期，从基部数新梢第4节茎部达半木质化时，使用0.08毫米厚、30×30厘米聚乙烯薄膜，包扎中性湿土（右其他填充物），两端和蹭用细线绳捆扎紧，新梢前端保持向上（可用细绳绑在葡萄架或母株上），个新梢包扎1节，也可包扎2节或多节。随后使用注射器每隔7~10天向包扎袋内补充水分。1个月后，当透过薄膜袋发现生长出新生幼根后，即可将包扎袋自下端从母株上剪下来,马上放入花盆盆栽或直接栽于葡萄园。

2. 盆内嫁接后移栽 选择适应性强的葡萄品种的插条,于3~4月在花盆内扦插,萌发成苗后作砧木用,6月份将优良品种的接穗在花盆内嫁接。嫁接成活后,培养1~2个新梢作为主蔓,长至半尺高时摘心。8月中旬扣盆为地栽葡萄。

3. 葡萄直插建园。

葡萄直插建园就是用良种葡萄插条直接插在地里建园的新办法。与插条育苗移栽相比,葡萄直插建园好处多。一是建园快,结果早。第二年就可进入盛果期,每亩产量可达1500公斤以上。二是不伤根,长势壮。三是既建园,又育苗。可将行内多余的葡萄幼苗移栽成园或出圃,提高效益。

具体栽培技术如下:

1)插前准备。在秋季进行深翻,冬灌熟化土壤的基础上,翌年3月底4月上旬全园再翻耕一次,然后整平床面,按行距2.75米开宽1.2米、深0.2米栽植沟,在栽植沟中间开定植坑。定植坑深60厘米、直径60厘米或宽60厘米、深60厘米。栽前每亩放牛羊粪800公斤和120公斤过磷酸钙,混入数倍的表土,均匀施入坑或沟内,灌足底水。

2)选择节间较短,髓部小,芽眼充实饱满,色泽正常,生育健壮,无病虫,粗度在0.7~1.0厘米的一年生主梢枝,剪留4~6芽,剪口要求上平下斜。插前用50ppm萘乙酸浸泡生根部位24小时。用5波美度硫合剂浸1~2分钟消毒。扦插方法有穴插和条插2种。穴插,每穴5条,株距15厘米,每亩805根;条插,株距18~20厘米,每亩1300~1400条。要求插条地上部露一芽。

3)扦插后管理。除制定全面栽培技术措施外,在管理上采取促成活、促生育、保健壮成熟,防草荒、防病虫、防旱涝、防人为操作等措施。成苗后的管理同插育苗后移栽相同。

招式 81　葡萄的整形修剪

整形与修剪,目的在于调节生长和结果之间的矛盾,在架面上合理配置枝蔓,使管理方便,树势健壮,延长寿命,并为连年高产创造条件。葡萄的整形与修剪因品种不同而异。

1. 整形方式。一是多主蔓整形,适于冬季埋土防寒的地区。定植当年发芽长至5~6叶片时进行打顶，选留3~4个粗壮主蔓。二是主干形整形，定植当年发芽后只留一个新梢，培养直立生长的主干。

2.冬季修剪。葡萄冬季修剪，一般在秋季落叶后一月左右到翌年萌发前20天左右进行。过早、过晚修剪都会造成树体严重损伤，损失养分，引起株体生长衰弱。根据树势强弱和结果母枝的长短，葡萄冬季修剪原则是：强蔓长留，弱蔓短留；上部长留，下部短留。

大体可分为三种方法：

1）长蔓修剪。长蔓修剪一般多采用双蔓更新的方法。在结果母蔓下选留一条蔓作为更新母枝，更新母枝保留2~3个健康芽，结果母蔓保留6~12芽，促使期抽出新梢，当年能开花结果，更新母蔓上抽出的2个新梢（若抽出3个应除掉一个），如上面着生有花序要摘除，以减少养分消耗，促使枝条组织充实。到下一年冬剪时，将当年的结果母蔓全部剪除，更新母蔓上部的新梢仍然保留6~12个芽，作为结果母蔓，下部的新梢再保留2~3个芽，作为更新母蔓。选留更新母蔓时，要注意尽量选距离主干近一些，以控制结果部位逐年上升的速度。

2）短蔓修剪。先培养一个一米左右的蔓，让主蔓上抽出多条结果主蔓，冬季修剪时，将各结果母蔓均留2~3个芽。待春季抽条后，选上部一个枝条作为结果枝，下部一枝条作更新枝，不让其结果。到冬季修剪时，再将结果结果枝全部剪除，更新枝留2~3个芽。（3）中蔓修剪 中蔓修剪和更新方法基本上和短蔓修剪相同，不同之处是结果母枝保留芽数较多，一般留4~5个芽。此外，修剪时要剪除密集枝、纤弱枝、病虫害枝和干枯枝。

招式82 生长期间植株的管理

1）抹芽。为了最经济、最有效地利用养分，使新梢疏密均匀，将过多不必要的嫩梢尽早抹除。

2）绑梢和去卷须。当新梢长至25~30厘米时，应及时绑梢，采用字绑法可防止新梢被磨擦受伤。在绑梢同时摘除卷须，以减少养分消耗。

3）新梢的摘心和副梢的处理。新梢摘心，可抑制枝蔓徒长。对摘心后发生的大量副梢，应加以抑制。果穗以下的副梢可以从基部除去，果穗以上的副梢留2叶摘心，主梢顶端的副梢留几片叶子，对结果枝摘心，可限制果枝生长,促进花序营养积累,提高座果率。一般可在开花前一周,在最上部果穗上留 5~9 片叶摘心为宜。

4)花序、果穗的修整。一个结果枝上常有 1~3 个花序,以留一个发育良好的花序为宜。然后对花序进行适当的修整。对座果率低、果穗疏散的品种如玫瑰香、巨峰等应在开花前 2~3 天剪去副穗和掐去穗尖一部分,以提高座果率;座果率高的白马拉加、意大利等品种,往往果粒拥挤,造成裂果和果粒成熟不一致。对这些品种应该在花后 10~20 天用尖头小剪子进行疏粒,以增大果粒、提高品质。在日本,对巨峰葡萄进行疏穗疏粒,每个果穗一般留 35 粒左右,果粒重量可达 15~18 克。

招式 83　肥水管理

葡萄是多年生植物,每年生长、结实,需要从土壤中吸收大量的营养物质。为使树势保持健壮生长和不断提高产品的产量、品质,必须注意合理施肥。根据我国一些葡萄丰产园的测定,每增产 100 斤浆果,约需施氮 0.25~0.75 千克、磷 0.2~0.75 千克、钾 0.13~0.63 千克。各地可因地制宜,通过生产实践和科学实验来掌握适宜的施肥量。

按施肥时期可分为基肥和追肥。基肥宜在果实采收后至新梢充分成熟的 9 月底 10 月初进行。基肥以迟效肥料如腐熟的人粪尿或厩肥、禽粪、绿肥与磷肥(过磷酸钙)混合施用。追肥一般在花前十余天追施速效性氮肥如腐熟的人粪尿、饼肥等,7 月初追施以钾肥为主如草木灰、鸡粪等。施肥方法可在距植株约 1 米处挖环状沟施入,基肥深度约 40 厘米,追肥宜浅些,以免伤根过多。施肥后需浇水。

葡萄根外追肥,对提高产量和质量有显著效果,而且方法简便。花前、幼果期和浆果成熟期喷 1~3% 的过磷酸钙溶液,有增加产量和提高品质之效;花前喷 0.05~0.1% 的硼酸溶液,能提高座果率;坐果期与果实生长期喷 0.02% 的钾盐溶液,或 3% 草木灰浸出液(喷施前一天浸泡),能提高浆果含糖量和产量。根外喷施肥料,如遇干旱,要适当降低浓度,以免发生烧叶;在没有施用过的地区,宜先少量试用,取得经验再逐步推广。

葡萄比较耐旱,但如能适期灌溉,产量可显著增加。开花前,要注意保持土壤湿润,此时如能结合追肥进行灌溉,便可为开花坐果创造良好的肥水条件。但开花期水分过多,会引起大量落花落果,除非土壤过于干燥,否则花期不宜浇水。坐果后至果实着色前,正值高温,叶面蒸腾量大,需要大量水分,可根据天气每隔7~10天浇一次水。果粒着色,开始变软后,除特别干旱年份过多,果实含糖量降低且不耐贮藏、容易裂果。休眠期间,土壤过干不利越冬,过湿易造成芽眼霉烂,一般在采收后结合秋季施肥灌一次透水,在北方产区还要在防寒前灌一次封冻水,这是葡萄防寒的重要措施。

招式84 采收与贮藏

鲜食葡萄必须适时采收,才能保证质量。采收期偏早,糖度低,酸度高,着色不良,香气淡,风味差,但充分成熟了的果实,如迟迟不收,便有裂果脱粒的危险,而且影响树势恢复。采收葡萄的时间最好在早晨露水干后和下午日落这段时间,此时果汁内温度降低,不但香气浓,而且比较耐贮藏。

采收后,如能贮藏一部分到元旦或春节上市,可获得较高的卖价。一般成熟度越高的葡萄越耐贮藏,因此,可在树上留一小部分果穗延期采收。采下的果穗在穗轴的剪口上封蜡,减少水分蒸发,剔去破粒、小果和病粒然后放在阴凉处1~2天进行预冷散热,以备贮藏。将缸洗净擦干,内铺纸三层,放葡萄,上放井字木格,再放一层葡萄,再放一井字木格、一层葡萄,直至装满,缸口盖纸。将缸称至阴凉屋内,天气渐冷后,缸口加盖,盖上覆草,缸四周用草围住,使屋内温度保持0~2℃。贮藏至翌年2~3月,果实仍新鲜如初。

招式85 主要病虫害及其防治

1. 葡萄主要病害及防治。

1) 葡萄黑痘病。主要危害葡萄绿色的幼嫩部分,嫩梢、叶柄、卷须受害时有暗色长圆形病斑,严重时病斑相连而干枯。果实着色后不再被害。本病常发生在高温高湿环境,南方多雨地方易发此病。

防治方法:及时剪除病枝、病叶、病果深埋,冬季修剪时剪除病枝烧毁或深埋,减少病源;萌芽前芽膨大时喷5度石硫合剂;生长期间(开花前和开花后各一次)喷波尔多液,按硫酸铜1斤、生石灰0.5斤、水80~100公斤比例配成。

2）葡萄霜霉病。以危害叶片为主，病部表面均匀长出灰白色与霜一样的霉层为主要特征。多雨、多雾、多露水天气最适发病。

防治方法：雨季防治，从7月份起喷200倍波尔多液2～3次。

3）葡萄炭疽病。危害果实为主，一般在7月中旬果实含糖量上升至果实成熟是病害发生和流行盛期。

防治方法：及时剪除病枝，消灭病源；6月中旬以后每隔半月喷一次600～800倍退菌特液。

4）葡萄白粉病。危害葡萄所有绿色部分，如果实、叶片、新梢等，发病部位表面形成灰白色粉层。高温闷热天气容易发病，管理粗放、架面郁闭亦能促进病毒发展。

防治方法：加强管理，保持架面通风透光；浇毁剪下的病枝和病叶；萌芽前喷5度石硫合剂，5月中旬喷一次0.2～0.3度石硫合剂。

5）葡萄水罐子病。又名葡萄水红粒，是一种生理病害，由结果过多，营养不足所致。此病常在果穗尖端部发生，感病较轻时病果含糖量低，酸度高，果肉组织变软；严重时果色变淡，甜、香味全无，果肉成水状，继而皱缩。

防治方法：通过适当留枝、疏穗或掐穗尖调节结果量；加强施肥，增加树体营养，适当施钾肥，可减少本病发生。

2. 葡萄主要虫害及防治。

1）葡萄二星叶蝉，又名葡萄二点浮尘子，头顶上有两个明显的圆形黑斑、成虫体长3.5毫米，全身淡黄白色，幼虫体长约2毫米。整个葡萄生长期均能危害，被害叶片出现许多小白点，严重时叶色苍白，致使叶片早落。喷50%敌敌畏或90%敌百虫或40%乐果800～1000倍液有效。

2）葡萄红蜘蛛。防治方法：冬季剥去枝喷上老皮烧毁，以消灭越冬成虫；喷石硫合剂，萌芽时3度，生长季节喷0.2～0.3度即可。

3）坚蚧，又名坚介壳虫，可喷50%敌敌畏1000倍液防治。

波尔多液，石硫合剂是葡萄防治病虫害常用药物，两者不能混合使用，喷石硫合剂后须间隔10～15天后再喷波尔多液，而喷波尔多液后再喷石硫合剂，其中须间隔30天。

温馨提示

葡萄生长对环境条件的要求？

1. 葡萄是喜温植物。初春气温10℃开始萌发,温度越高,发芽越快。开花期以25℃～30℃为宜,遇低温(15℃以下)、雨雾、旱风,则授粉受精不良,造成大量落花落果。7～9月为浆果成熟期,如温度不足则浆果着色不良,含糖分降低,甚至不能充分成熟。当地是否能满足葡萄果实充分成熟的温度,通常以积算温度参考。如"世峰"的成熟积温(由开花期到成熟期日平均温度逐日累加的总和)是2564℃,其开花期到成熟期为102日。

2. 葡萄喜光性强。在光照充足的条件下,叶片厚而深绿,光合作用强,植株生长壮实,花芽着生多,浆果含糖量高而甜美,产量高。

3. 湿度不易过大。开花前降雨多,新梢生长过旺,消耗植株贮藏养分;花期多雨,受精不良,造成落花;果实肥大期到成熟期多雨,光线不足,糖度低下,着色不良,品质低劣,且容易裂果。高温多雨潮湿也是葡萄病害增多的主要原因。

第十一章
5招教你种美国红提

wuzhaojiaonizhongmeiguohongti

招式86：栽培园地选择
招式87：科学运用肥水
招式88：花果管理
招式89：修剪及采摘
招式90：除病虫害

简单基础知识介绍

美国红提,即红地球,也称晚红、大红球,原产美国,欧亚种,1987年从美国引入我国。

红提果穗长圆锥形,穗重800克,大的可达2500克,果粒圆形或卵圆形,平均粒重12~14克,大的可达22克,果粒着生松紧适度,大小均匀,果皮中厚,具有鲜艳的玫瑰红彩,果肉硬而脆,可削成片,味甜、多汁,含糖量17%以上,品质极佳,极耐贮运。果实9月下旬至10月上中旬成熟。

该品种不仅优质丰产,耐贮运,而且栽后二年开始结果,三年亩产1500千克左右,是当今世界葡萄名牌晚熟品种,也是诸多农业致富的有效渠道之一。

行家出招

招式86 栽培园地选择

定植红地球葡萄,宜选择地势较高,最好是坡地,向阳、通透、周围无较大建筑物遮拦,土壤偏干旱,具有较好的水浇条件。

肥沃深厚的砂壤土或疏松的壤土,pH值6.5~7.5。苗木定植或直插(种条)建园,宜进行株距1~1.5米,行距4~5米的小棚架栽培,减小密度,以提高通风透光性,减少发病因素。

招式87 科学运用肥水

红提苗期和幼树生长期,忌旱怕涝,定植后,要注意浇水施肥。当年苗前期浇粪清水,每隔5~7天一次,薄肥勤施,其浓度随植株生长而逐渐增加,以促进苗木迅速生长。

8月中旬停止氮肥施用,改施磷钾肥,并在5~8月每月用0.3%磷酸二氢钾、绿芬威等根外追肥1~2次,喷施一般宜在下午3时后进行,重点喷叶背面。

结果树追肥要重施催芽肥,适施膨果肥和着色肥,并适当增加复合肥的用量,施基肥最佳时间是在葡萄采收后1个月,即9月下旬~10月。结果期每年每亩施基肥5000千克土杂肥,并加入500千克硫酸钙。年追肥3~4次,一般在萌芽前(追施尿素或二氨20千克/亩)、坐果后(氮肥20千克/亩)、果实膨大期(钾肥20千克/亩)、采收20天后(三元素复合肥20千克/亩);每次追肥结合浇水,采前20天要控水,较干旱的地区,要注意浇好封冻水和萌芽水。另可适当的多次根外追肥,8月中下旬开始每隔15天结合喷药喷施0.3~0.5%尿素、磷酸二氢钾或微量元素,以促进果实和枝条成熟;成熟前切忌喷施乙烯利等催熟生长调节剂,否则果实品质不佳。

招式88 花果管理

红地球葡萄花果管理的主要内容就是疏花序和果穗,红提果穗排列紧密,果实相互挤压部分不能正常着色,所以要对过大穗、过小穗、异形穗要进行疏除,每穗一般不超过1000克,每亩保持2000~2500千克为宜。开花后5~7天对结果新梢摘心并抹除副梢,每个结果新梢只留1穗;待幼果大小分明时进行整果,摘除授精不良、果形不正、色泽发黄的果粒,留下果形大小均匀、色泽鲜绿的果粒,每穗留60~80粒,使果粒分布均匀,并及时除掉副穗,掐去过长穗尖,使每穗重不超过1公斤。为了改善果穗外观品质,使果面光洁,待果粒长至豆粒大小时进行套袋。

招式89 修剪及采摘

红地球由于生长量大,宜采用棚架单干双臂形整枝,短梢或中短梢混合修剪。定植当年生长势好的葡萄可剪留2~3个饱满芽进行平茬,第二年延长蔓仍以1~1.5米长剪留。每株留一个主蔓,每米长主蔓上保留3~4个结果枝,当年新梢达30~40厘米时定梢绑蔓,保持6~7个新梢,其中有3~4个挂果,2~3个为营养枝。摘心不宜过早,因为该品种摘心后,二次、三次梢生长弱,叶片又小。

红提应分批采摘,不宜提前采,否则不仅糖分低品质差,而且不耐贮存。采后及时装箱,低温保存。采后施基肥,浇水,埋土防寒。

招式 90 除病虫害

红提葡萄抗病性稍差,病害主要包括霜霉病、黑痘病和炭疽病,虫害主要有红蜘蛛、蚜虫等。在以"预防为主、综合防治"的基础上,要及时喷药防治,特别是雨季更要十分注意。早春的5度石硫合剂十分重要,前期喷两次半量式波尔多液,均是防治黑痘病、灰霉病的关键措施。坐果后应注意防治白腐病、炭疽等病。每隔10~15天,根据发病情况选择喷施等量式波尔多液或科博或大生~M45或退菌特或福美双液,也可用波尔多液或退菌特或福美双液交替进行喷施,以防治多种病害。后期要注意霜霉病的防治,可喷施40%二磷铝剂200~300倍液或25%的甲霜灵600倍液,如病重时可隔5~7天再喷一次。

温馨提示

美国红提适宜种在哪些地方?

要使红提优质丰产,必须选择具有适宜环境条件的地方种植。气温红提子原产美国加利福尼亚州,年平均气温18℃以上。但我国的福建福州和山东青岛都已引种成功,说明我国大部分地方的气温是适应提子生长的。土壤根据有关资料,山坡和平地都可栽种。以通气性、排水性良好的砂质壤土最为适宜。水分萌芽与开花期,湿度太大,容易发病;果实膨大期,需水分增多;果实成熟期,要求低湿。风提子的藤蔓怕风,遇大风易使棚架倒塌,所以要选择避风的地方。光照喜光忌荫。光照不足,枝蔓生长纤弱,叶色淡,影响花芽分化与结果。但是,在果实膨大期遇强光,要发生日灼,应予预防。

第十二章
5招教你种蓝莓
wuzhaojiaonizhonglanmei

招式91：园地选择
招式92：定植密度与整地
招式93：肥水管理
招式94：越冬保护
招式95：防治病虫害

简单基础知识介绍

蓝莓学名 V accinium spp,又称为越桔、蓝浆果,属杜鹃科越桔属植物。其果实风味独特,营养丰富,被誉为"浆果之王"。由于其突出的保健作用,消费量上升,具有广阔的市场前景,发展速度很快。许多蓝莓栽培国家不仅实现了商业化栽培,且已经实现了高丛蓝莓的庭院栽培。蓝莓春季白色和粉红的花朵、夏季天蓝色的果实、秋冬季红色和黄色的落叶,也是庭院景观的最佳装饰物。

蓝莓的品种选择。蓝莓为异花授粉植物,为提高坐果率,种植时需要同时种植2~3个品种。下面介绍几个国外的适合庭院栽培的果个大、产量高、品质佳的优良品种。

伯克莱:果实中等大小,产量不稳定。生长势旺盛,可作为庭院景观装饰。

蓝光:果实坚硬,果个大,蓝色中等深,香味浓郁,抗裂果,丰产。推荐种植主要品种。

蓝丰:生长势较弱,抗旱性强。果个大,很淡的蓝色,果实坚硬,抗裂果。作为饭后甜点,果实品质佳。

考林丝:果实品质佳,微酸。果个大,深蓝色,抗裂果。果实完全成熟时不易落果。

早蓝:果实品质中等,但果实的成熟期早,果个中等大小,品质中等。树形直立,抗寒性强,观赏性较强。

伊利:果实浅蓝色,完全成熟时风味较佳。果实小到中大,果个大小不均。其树形直立,叶片蓝绿色,开花较晚,花期长,可为较佳的庭院景观装饰物。

娟赛:欧洲最主要的商业栽培品种之一,也是较好的庭院栽培品种。生长势旺盛,坐果率高,丰产,果个大,果实浅蓝色,品质佳。

兔眼蓝莓:果实黑色,对土壤的适应性强,休眠期对低温的要求不严格,可在干燥的土壤中生长,比高丛蓝莓丰产,但果实品质不如高丛蓝莓。由于兔眼蓝莓不耐冬季低温,限制了其栽培地区,温暖的地区适宜种植品种有顶峰、杰兔、粉蓝、梯芙蓝等。

行家出招

招式91　园地选择

根据蓝莓的生态适应性,先确定适栽区域,然后进行栽培园地的选择。在选择栽培园地时,首先要选择阳光充足的地方。因为蓝莓不耐涝,还需要考虑排水。蓝莓最好种植在渗透性强、潮湿、富含有机质的沙质土壤中,若是山地要尽量选择阳坡中、下部,坡度不宜超过15°,大于15°时要修筑2m宽的梯田;立地类型以荒山地、低产松林改造地最佳,坡地退耕也可。但退耕地的栽植成活率不如松林改造地的成活率高,而且病虫害和杂草也比松林改造林地多,使生产管理成本增大。在南方丘陵山区,结合商品林基地建设,推广种植蓝莓,既能改善生态环境,又调整了林种结构,还可以增加山区群众的经济收入。

土壤的pH为4.2~5.5最佳。如果土壤酸度不够,可用松针或者硫处理增加土壤酸度,以适宜蓝莓的生长需求。处理土壤需要在定植前6~12个月的时间内进行。根据实际情况,如果土壤酸度确定,周年内需要施用酸性肥料来维持土壤酸性,如硫酸铵或者棉籽饼。

招式92　定植密度与整地

1. 定植时间及密度

定植时间,春栽和秋栽均可。而在冬季不很干旱的南方,以秋季至早春萌动前定植最好。一年生苗的定植深度在15~20厘米,而且要扶土踩紧压实,做到"三扶两踩一提苗"。在秋冬季干旱的地方以雨季到来时定植为宜;有灌溉条件的地方,一年四季均可定植。

关于定植密度,在国外,实际栽培密度常根据机械化程度而定。我国南、北方,可以根据实际经营目标选择适宜的密度。比如选择2年生、高35~40厘米的壮苗定植。株行距为1.2米×1.8米。为保证根系有足够的生长空间,定植前,尽量挖大穴。同时要剪除病虫害或者运输中有损伤的枝条和根系。把根系放入土壤中的深度和苗圃种的深度相同,使根系完全舒展开,回填土壤后,充分浇水。

2. 整地

定植前挖定植穴称为整地,整地(定植穴)规格为1.0米(长)×1.0米(宽)×0.5米(深)。可根据实际种植品种适当缩小或扩大整地规格。定植穴挖好后,将取出的泥土掺入磨碎的松树皮和泥炭或松林下的腐殖土等,混合均匀后回填入穴内,回填土要高出地面20~30厘米为宜,在土壤酸度不够的情况下可掺入适量硫磺粉。

招式93 肥水管理

蓝莓定植时不需要使用肥料,一般第1个生长季节不需要施用肥料。但蓝莓相对其他水果而言,会出现常见的集中营养缺素症,因此,肥水的惯例不容小视。

1. 施肥

1)几种常见的营养缺素症

缺铁失绿症:是蓝莓常见的一种营养失调症。其主要症状是叶脉间失绿,严重时叶脉也失绿,新梢上部叶片症状较重。引起缺铁失绿的主要原因有土壤pH值过高,石灰性土壤,有机质含量不足等。最有效的方法是施用酸性肥料硫酸铵,若结合土壤改良掺入酸性草炭则效果更好。叶面喷施整合铁0.1%~0.3%,效果较好。

缺镁症:浆果成熟期叶缘和叶脉间失绿,主要出现在生长迅速的新梢老叶上,以后失绿部位变黄,最后呈红色。缺镁症可对土壤施氧化镁来矫治。

缺硼症:其症状是芽非正常开绽,萌发后几周顶芽枯萎,变暗棕色,最后顶端枯死。引起缺硼症的主要原因是土壤水分不足。充分灌水,叶面喷施0.3%~0.5%硼砂溶液即可矫治。

2)施肥

① 营养特点及施肥反应。

蓝莓属于典型的嫌钙植物,当在钙质土壤上栽培时往往导致钙过多诱发的缺铁失绿。蓝莓属于寡营养植物,与其他果树相比,树体内氮、磷、钾、钙、镁含量很低。由于这一特点,蓝莓施肥中要特别防止过量,避免肥料伤害。

蓝莓的另一特点是属于喜铵态氮果树,对土壤中的铵态氮比硝态氮有较强的吸收能力。蓝莓在定植时,土壤已掺入有机物或覆盖有机物,所以蓝莓施肥主要指追肥而言。在蓝莓栽培中很少施用农家肥。蓝莓生产果园中主要以氮、磷、钾肥为主。

② 施肥的种类、方法、时期及施用量。

施肥的种类:施用完全肥料比单一肥料提高产量40%。因此,蓝莓施肥中提倡氮、磷、钾配比使用。肥料比例大多趋向于1∶1∶1。在有机质含量高的土壤上,氮用量减少,氮磷钾比例以1∶2∶3为宜;而在矿质土壤上,磷钾含量高,氮、磷、钾比例以1∶1∶1或2∶1∶1为宜。蓝莓不仅不易吸收硝态氮,而且硝态氮还造成蓝莓生长不良等伤害。因此,蓝莓以施硫酸铵等铵态氮肥为佳。硫酸铵还有降低土壤pH值的作用,在pH值较高的砂质和钙质土壤上尤其适用。另外,蓝莓对氯很敏感,极易引起过量中毒,因此选择肥料种类时不要选用含氯的肥料,如氯化铵、氯化钾等。

方法和时期:可采用沟施或撒施。沟施深度以10~15cm为宜。土壤施肥时期一般是在早春萌芽前进行,可分2次施入,在浆果转熟期再施1次。

施肥量:蓝莓过量施肥极易造成树体伤害甚至整株死亡。因此,施肥量的确定要慎重,要视土壤肥力及树体营养状况而定。在美国蓝莓产区,叶分析技术和土壤分析技术广泛应用于生产。根据生产试验及多年研究结果,制定各品种的叶分析标准值,从而避免了施肥的盲目性。

招式94 越冬保护

尽管部分蓝莓抗寒力强,比如矮丛蓝莓和半高丛,但仍时有冻害发生。最主要表现为越冬抽条和花芽冻害,在特殊年份可使地上部全部冻死。因此,在寒冷地区蓝莓栽培中,越冬保护也是保证产量的重要措施。

1. 堆雪防寒

在北方寒冷多雪地区,冬季可以进行人工堆雪防寒。经堆雪防寒的蓝莓产量较不防寒,以及盖树叶、稻草的产量大幅度提高,并且具有取材方便、省工省时、费用少、保持土壤水分等优点。一般覆盖厚度以树体高度2/3为宜,适宜厚度为15~30厘米。

2. 其他防寒方法

在我国东北普遍应用埋土防寒方法。入冬前,将枝条压倒,覆盖浅土将枝条盖住即可。但蓝莓的枝条比较硬,容易折断,因此,采用埋土防寒的果园宜斜植。

树体覆盖稻草、树叶、麻袋片、稻草编织袋等都可起到越冬保护的作用。

招式 95 防治病虫害

蓝莓主要病虫害有蛀干类天牛、金龟子的幼虫、蛴螬,以及叶片失绿症、叶枯病、僵果病、食叶类刺蛾等常见病虫害情况。防治得好则可以避免发生。

1. 防治原则

一是采用坚持预防为主的原则与综合防治相结合的方式,尽可能地实现自然农业生产生态条件;二是采用先进的施药技术而尽可能地降低农药用量,提倡选用生物农药和高效、低毒、低残留性能的化学农药并科学合理地进行交替用药为宜;三是采用化学农药时应严格按相关用药规定标准执行。

2. 防治方法

在 4~5 月,可采用 50% 的多菌灵 400~600 倍液和 80% 的敌敌畏乳油 1200~1500 倍液混合防治 2 次,2 次间隔 10~15 天。

在 8~10 月,用 50% 的多菌灵 400~600 倍液和 80% 的敌敌畏乳油 1000~1200 倍液或 2.5% 的溴氰菊酯乳油 1000~1200 倍液混合防治 1~2 次,具体应该根据田间病虫害程度情况而采取相应措施。

在 11 月下旬结合冬季修剪,清除杂草,消灭越冬的病虫,并剪除病枝、虫枝等。

在 12 月份应该结合深翻冬剪,将土壤深翻 20cm,并注重消灭那些在土壤中越冬的害虫。

温馨提示

1. 在蓝莓病虫害防治中,在采用化学防治措施时需要注意的是,在蓝莓果熟期前 20 天以及在采果结束前期间,坚持不能用药的原则。尤其是不能使用剧毒农药。如需使用时应考虑不同的农药应该是交替使用。

蓝莓果实具有丰富的营养成分,但必须保证该果体中不能够丝毫残留有化肥或农药成分。否则,该果实将失去它自身应有的商品价值。不仅直接影响出口销售,而且会直接降低经济效益价值。所以,采用防治方法应尽可能考虑生态农业技术管护方法。

2. 目前蓝莓最主要的损失是来自鸟害,因此在果熟期,要考虑用防鸟网保护,或者采用其他一些防护措施,如周边种植物形成保护等。

第十三章
4招教你种桂圆

sizhaojiaonizhongguiyuan

招式96：繁殖与幼苗管理
招式97：幼树管理
招式98：修剪整枝
招式99：病虫害防治

简单基础知识介绍

桂圆又名龙眼,俗称圆眼,亦名益智、骊珠、元肉。属无患子科植物。产中国东南、南部及西南诸省,与荔枝、香蕉、菠萝同为华南四大珍果。其树高一二丈,叶长而略小,开白花,成实于初秋。其实累累而坠,外形圆滚,如弹丸却略小于荔枝,皮青褐色。去皮则剔透晶莹偏浆白,隐约可见内里红黑色果核,极似眼珠,故以"龙眼"名之。

桂圆肉、核、皮及根均可作药用。性温味甘,益心脾,补气血;具有良好的滋养补益作用,可用于心脾虚损、气血不足所致的失眠、健忘、惊悸、眩晕等症。桂圆历来被人们称为岭南佳果,在市场上供不应求。

行家出招

招式96 繁殖与幼苗管理

桂圆在每年7~8月果实成熟呈黄褐色时采摘。种子寿命短,剥去果壳后除去假种皮,用清水洗净后即行播种。待苗高8~10厘米时,分床栽植或移入营养袋内,用半年或1年生苗于春雨或秋雨天造林。林地选海拔500米以下低山丘陵台地。栽培品种须采用嫁接繁殖法。

1. 桂圆如何种植?

一年中最适宜种桂圆时期是2月下旬到3月中旬或者10月上旬。苗木以选择营养杯苗或者带土团的苗木为好,要求是品种纯正、粗壮、直立的嫁接苗。种植的行距为5~6米,株距4~5米。桂圆种植前要挖好种植坑,种植坑的规格为长1米、宽1米、深1米为好,挖坑时将表土和底土分开堆放,定植前1~2个月将土放回种植坑中,先放进杂草、绿肥,并撒上石灰与表土拌匀,再放入农家肥与松细土拌匀回至高出地面30cm高。栽苗时在种植坑中心挖一个小坑,把苗放入坑中,种下回土后淋透定根水,并用稻草覆盖整个树盘。种后如果遇到干旱天气每隔2~3天要淋水1次,保持树盘湿润。下雨后要检查及时排去积水。

招式 97　幼树管理

1. 肥水管理。肥、水是桂圆生长的物质基础，及时给桂圆幼年树施足肥料，可以使生长较快、早日形成树冠、提早结果。

桂圆树苗定植后1个月开始施第一次肥。以后每次新芽长出来时和新叶开始转绿时各追肥一次，追肥时可以用沼气液、猪粪水等水肥，每棵淋施20~25千克水肥再加尿素或复合肥0.1千克。桂圆幼树耐寒能力弱，进入冬季低温时期，要增施磷、钾肥。除在11月以后扩坑埋施有机肥时加入复合肥外，还可在叶背喷施根外追肥，可用0.6%的氯化钾0.2%的尿素肥液喷施。

由于幼年桂圆树的树冠和根系小，需肥需水量都不大，加上幼树根系对肥料较敏感，故对幼年桂圆树的施肥原则应是勤施薄施，即每次施肥有浓度不宜太浓，但施肥的次数需多些，以保证其生长所需的肥料。

我国桂圆产区的雨量是完全能够满足桂圆生长的需求的，但由于雨量在全年的分布不均匀，往往是在5~8月雨量多，9月至第二年4月雨量少。所以，多雨季节注意对果园排水，而少雨季节需注意对果园灌水，特别是8~10月，正是桂圆秋梢抽生的时期，要注意做好果园的灌水工作。

2. 树冠管理。幼年桂圆树要进行必要的整形修剪。这是为了培养丰产稳产的树形，集中养分供幼树有效生长，使其尽快形成树冠，提早结果。

桂圆幼苗定植成活后，距地面30~50厘米选留角度分布均匀的新芽3~5个培养成为树冠的主枝。主枝萌发时，根据树形情况选留3~5个芽，培养成为侧枝。第二年春季如果苗木长出花穗，要剪去花穗，以保证枝叶长年，使树冠生长得更快。

3. 施肥

桂圆种植后第三年可以让它挂果。种后第三年起可以参考以下方法对桂圆树进行管理。

1）促花肥：2月下旬花穗抽出后株施氯化钾0.25~0.5千克加复合肥0.25~0.5千克，麸肥0.25~0.5千克，兑水或浅沟淋施，以促进花芽分化的数量和质量，提高抽穗率和增大花穗。

2）花前肥：3月下旬至4月上旬，在开花前10~15天视树势和花量追肥，花多多施，花少少施或不施。株施麸肥0.2~0.3千克，氯化钾0.2~0.3千克,复合肥0.1~0.2千克,尿素0.2~0.3千克,兑水30~50千克淋施。

3) 保果壮果肥:桂圆开花消耗大量营养,抽生夏梢又正值果实发育膨大,及时供给养分显得十分重要。在谢花后至果实黄豆般大小时施腐熟人粪尿30~50千克。加麸肥0.2~0.3千克,复合肥0.2~0.3千克。

4) 采果前肥:采果前5~7天用沤制腐熟的花生麸0.3~0.5千克,氯化钾0.2~0.3千克,复合肥0.2~0.3千克,兑水淋施,促8月下旬~9月上旬抽生第一次秋梢,以利10月中下旬抽第二次秋梢。

5) 秋梢壮梢肥:9月上、中旬第一次秋梢转绿时及时株施复合肥0.3~0.5千克,兑水淋施。当第一次秋梢在9月下旬至10月上旬充分老熟,及时施下攻第二次秋梢水肥,每株用0.3~0.5千克花生麸(经沤制腐熟)兑水30千克淋施。

招式98 修剪整枝

1. 桂圆结果树的修剪与管理

① 疏花疏果:在清明前后,疏除病虫花穗、弱枝穗;短截结果枝组中直立、生长势过强的枝穗、花序稀疏花穗。

② 采果后修剪:采果后对过密枝、弱枝、病虫害枝、枯枝、交叉枝、阴枝,从枝条基部剪除。

③ 适时留放秋梢:秋梢适放期正常年份一般为10月下旬至11月上旬,秋冬气温较高的年份最迟不超过11月下旬抽生晚秋梢。对当年挂果少或不挂果,树势强旺树,留两次秋梢,第一次秋梢在9月下旬老熟,10月中下旬抽生第二次秋梢。当年挂果适中,树势一般的适龄树,只放一次秋梢,可在采果后的8月下旬施足采果后水肥,9月上中旬修剪,并淋足水肥,促使秋梢在10月中、下旬抽生。

④ 冬季修剪:冬季修剪主要在秋梢结果母枝转绿后的12月下旬至花穗抽出并明显现花蕾时进行,只剪除阴枝、过度下垂枝、病虫害枝、弱枝(小于0.5厘米,10片复叶以下),从基部疏除,不能短截结果母枝和大枝。

2. 控制冬季长出的新枝

冬季桂圆如果长出新枝叶,第二年就很难开花结果,所以要控制结果树在冬季生长新枝叶。常用的方法有:

① 环割。11月中旬至12月中旬,在主干或一级分枝,用利刃环割,强旺树环割一圈,中等树3/4圈,深达木质部,宽约0.3厘米,不宜过深过宽。

② 断根制水。12月中下旬结合扩坑深翻改土进行。在树冠根际亦可在树冠下,翻耕15~20厘米,适当断根,减少水分供给,使土壤适当干旱,可控制冬梢抽生,促进花芽分化。

③ 药物控制。在11月上中旬以后桂圆树叶叶片转绿后,用40%乙烯利10~15毫升兑清水15千克喷芽端。喷乙烯利不宜在同一树冠上重复喷或全树喷布,或在一个月内重复多次喷,以免造成叶片变黄,严重时大量落叶、树势衰退。

④ 人工摘除冬梢:对零星抽生的冬梢,应及时地从嫩梢基部留1~2厘米嫩梢摘除。

招式99 病虫害防治

危害桂圆果树的病害主要有炭疽病、霜疫霉病、霉斑病、褐斑病、鬼扫病,虫害主要有荔枝蝽象、金龟子、天牛、蚜虫、卷叶蛾、吸果夜蛾、龙眼鸡等。防治荔枝蝽象、金龟子、卷叶蛾可用敌杀死1500倍,或敌敌畏800倍兑敌百虫600倍,或杀虫双600倍喷杀;金龟子在3~4月用呋喃丹撒施树盘、根茎,并在主干涂石灰。天牛重点在3~5月捕成虫,注意检查主干基部,刮去虫卵和幼虫,若幼虫已入洞,可注射50倍液敌敌畏入洞,并用黄泥封口,毒死幼虫。要注意开花期不能喷农药。

温馨提示

1. 桂圆对土壤没有苛刻的条件要求,就是贫瘠、干旱、酸性的丘陵红壤,它也能生长。丘陵红壤土层深厚、排水良好、空气流通、阳光充足,若能深翻改土,多施有机肥料,桂圆就能生长得很好,并能获得较好的收获。但在坡地上种植,则需要做好水土保持工作,选东南、南、西南坡地作为栽培园地较好,避免风害、寒害。

2. 桂圆是阳性果树,充足的光照有利于它生长结果,但果实需有适当的遮阴。桂圆树冠庞大,易遭风害,强风也会造成大量落果,所以建园时需考虑采取必要的措施。